薯类加工科普系列丛书

马铃薯吃法知多少

木泰华　李鹏高　何海龙　国　鸽　张靖杰　编著

科 学 出 版 社

北　京

内 容 简 介

马铃薯块茎富含碳水化合物、蛋白质、膳食纤维、多酚类物质、维生素、矿物元素等营养与功能成分，是适合我国居民饮食需求的低脂肪、富含优质蛋白和膳食纤维的营养食物。国家实施马铃薯主粮化战略以来，适合我国居民传统饮食习惯的马铃薯馒头、面条等薯类主食产品加工技术正逐渐兴起。本书对食用马铃薯的历史及现状、加工新技术以及日常烹饪方法进行了详细介绍，为广大读者提供关于马铃薯及其食用方式较为系统全面的信息。

本书主要是面向关注马铃薯及其食用方式的广大读者，并为相关专业的师生、相关领域的学者及企业人员提供参考。

图书在版编目(CIP)数据

马铃薯吃法知多少 / 木泰华等编著. —北京：科学出版社，2017.2
（薯类加工科普系列丛书）
ISBN 978-7-03-051849-1

Ⅰ. ①马… Ⅱ. ①木… Ⅲ. ①马铃薯-食谱 Ⅳ. ①TS972.123.4

中国版本图书馆CIP数据核字(2017)第033571号

责任编辑：贾 超 李 洁 / 责任校对：张小霞
责任印制：张 伟 / 封面设计：东方人华

科 学 出 版 社 出版
北京东黄城根北街16号
邮政编码：100717
http://www.sciencep.com

北京京华虎彩印刷有限公司 印刷
科学出版社发行 各地新华书店经销

*

2017年2月第 一 版 开本：A5 (890 × 1240)
2018年5月第二次印刷 印张：4 3/8
字数：60 000

定价：58.00元

（如有印装质量问题，我社负责调换）

前　言

马铃薯起源于南美洲的秘鲁和智利山区。在欧洲的大地上，由曾经的观赏植物演变成高产作物。目前已成为许多国家居民餐桌上的佳肴。欧洲的乌克兰、俄罗斯、波兰、英国及非洲的卢旺达等国年人均消费量均超过了100kg。德国的烤马铃薯、美国的油炸马铃薯片、俄罗斯的土豆泥烤杂拌、我国的酸辣土豆丝都脍炙人口，深受大众喜爱。

在全球范围内，我国是最大的马铃薯生产国，但因为马铃薯在我国不作为主食食用，年人均消费量仅有14~15kg。2015年初，我国启动了马铃薯主粮化战略，力推用马铃薯加工馒头、面条、米粉等传统主食，以丰富我国人民的食物选择并改善我国主食的营养价值。因此，未来我国的马铃薯食品还有很大的发展空间。

本书主要从以下几个方面对马铃薯及其食用方式进行了介绍：

第一部分是食用马铃薯的历史及现状。为使读者了解马铃薯在全世界传播繁育的历史，本书介绍了一些国家马铃薯的种植史和食用史，以及和马铃薯有关的一些佳闻趣事，内容丰富，生动有趣，可以更好地帮助读者了解各国种植、食用马铃薯的历史背景和各具特色的食用方式。

第二部分是马铃薯加工的新技术。随着科技的发展，马铃薯的食用方式不再局限于日常的餐桌佳肴，也以千姿百态的形式作为加工食品走向了市场。本书介绍了利用现代食品加工技术生产的土豆片、马铃薯酸奶、马铃薯肉菜泥等新型马铃薯加工食品，旨在让读者了解这些新技术，为消费者在购买或制作此类食品时提供参考。

第三部分是马铃薯的日常烹饪方法。本书收集了诸多马铃薯菜品的烹饪方法，式样繁多，老少咸宜。希望美味健康、营养丰富的马铃薯佳肴能为您的餐桌增添一份温馨和惊喜。

本书图文并茂地介绍了马铃薯食品制作的相关知识，既可以作为营养、烹饪相关专业的选读书目，也可以作为大众茶余饭后的科普读物，使读者了解我们身边这种重要的食品。望本书能为您的饮食生活增添一份乐趣和新意！

木泰华

2017年1月18日于北京

目　录

一、马铃薯档案

马铃薯是一种深受大众喜爱的食物，又称土豆、洋芋、地蛋、山药蛋、薯仔等，在外国还有“巴达诺”、“达尔多”等爱称。马铃薯原是一种野生茄科植物，由南美洲人培植成为农作物。远在公元前2800年前后，秘鲁的印第安人就已经把土豆作为主要粮食作物栽培，还给它起了一个尊贵而有趣的名字——“Papa”（克丘亚语，意为农人之父、丰收之神），可见它在人们心中地位之高。16世纪，马铃薯传到了欧洲。它最先被航海家哥伦布带到了西班牙的加纳利亚群岛，再经意大利，于公元1600年左右传入英国。那时，马铃薯并不是作为大众熟知的农作物，而是作为一种稀有的观赏植物，被种植在各国的皇宫深宅或富豪庭院中。就连法国的国王和王后，都曾佩戴紫色的马铃薯花出席皇家宴会。

佩戴马铃薯花的法国王后——玛丽·安托瓦妮特

马铃薯花

然而身价百倍的马铃薯却没有在欧洲发挥它应有的食用价值。因为被普遍认为是有毒茄科中的一员，马铃薯初期并不能被大众所接受，反而被人们传作“印第安穷鬼的食品”。除了正处于饥荒中的爱尔兰，各国人民都十分厌恶马铃薯，民间甚至流传着“马铃薯是麻风病、梅毒和淋巴结核病的致因”的谣言。直到18世纪中叶，战火和饥荒的阴影席卷了大半个欧洲，在各国领导人的积极推广下，这种营养价值丰富，又对土壤环境毫无挑剔的经济作物才真正登上世界舞台，开始在世界各地繁衍生息。

《吃马铃薯的人》文森特·凡·高，1885

1 马铃薯在外国

世界上马铃薯的吃法五花八门。现在以马铃薯为原料的方便食品、速冻食品、快餐食品风靡世界，遍布各地的麦当劳、肯德基、比萨饼连锁店，金黄酥脆的薯条、薯饼更是令人乐而忘返；商店里各式的马铃薯方便食品琳琅满目，令消费者眼花缭乱。今日，马铃薯及其制品已成为家庭烹调佐餐必不可少的食品，给人们的生活增添了无穷的乐趣。马铃薯的品种众多，有白、黄、粉红、紫红色等品种；大的如饭碗，小的如麻雀蛋。在西方人眼中，马铃薯身兼主食和菜品的功能，因此，人们常用“饭也土豆，菜也土豆”来形容马铃薯在西餐中的广泛应用。下面让我们来看看马铃薯在世界各国中的烹饪方法和历史故事，一起品味马铃薯的独特魅力。

1）德国

德国无忧宫腓特烈大帝的墓地，有块朴素的没有任何碑文的墓碑，更为奇怪的是，前来拜谒的德国人放在他们战无不胜的君王墓穴上的不是一束束鲜花，而是一个个马铃薯。

腓特烈大帝墓地

18世纪中叶，瘟疫和天灾导致普鲁士王国饥荒遍地，上百万人被饿死。在此情况下，腓特烈大帝决定在全国推广营养丰富又易栽培的马铃薯作为主要食品。然而在那时，民众还尚未认识到马铃薯的食用价值。保守的农民认为生长在地下的果实与魔鬼有关，是不祥的东西。还有人认为，马铃薯是茄科植物中的一员，可能有毒。甚至有人提出，高贵的欧洲人从来不吃块茎，《圣经》中从未提到过马铃薯，说明上帝不让大家食用。

当时，由于欧洲人口增加、饥荒和战乱，加上小麦谷物大量减产，粮食成了生死存亡的大问题。营养丰富而产量极高的马铃薯在某种意义上就有了挽救国家的意义。各国领导人都曾力推马铃薯，但因为民众的不认可而收效甚微。

腓特烈大帝也饱受推广的艰难之苦。一开始腓特烈大帝也是颁布命令让农民种马铃薯，军民吃马铃薯，加大马铃薯价值的宣传。然而这种强硬的政令未能撼动人民保守的思想，腓特烈大帝推广马铃薯的决心非常坚定，他很快意识到需要转变策略，改用一种迂回的方式来加强宣传。

1740年，腓特烈让士兵在柏林城郊种植了一块马铃薯田，开花结果后就派重兵把守，然后夜间又将防守悄悄放松。柏林外的农民见状都很好奇——能被如此保护的东西一定价值非比寻常，更何况是君主亲自下令。农民纷纷趁着黑夜看守松懈时，把马铃薯偷偷挖回来，种在自己家的田地里。由于马铃薯好种易活，口感软糯香甜，很快就获得了人们的喜爱。就这样一传十，十传百，马铃薯的种植慢慢得到了普及，在普鲁士王国的大地上繁衍开来。

正因为如此，腓特烈大帝得以在西里西亚战争和七年战争中，在粮食歉收的情况下依靠马铃薯作为军饷，支撑军队得到了最后胜利。

马铃薯从此改变了德国人的饮食结构和饮食习惯。今天的德国人已经无法想象没有马铃薯的一日三餐。现在一天中至少有两顿主食是马铃薯，甚至还有专门的“土豆餐”。

这种餐点很像我国的广式早茶，以马铃薯为主要食物，制成五花八门的小点心，量小但品种繁多，配合德国传统的火腿和熏肉，叫人垂涎三尺。

与北京人冬天喜欢吃烤红薯一样，德国人也喜欢吃烤马铃薯。由于其味美、方便、经济，在街上熙来攘往的人群中，随时都会有人停下脚步吃上一份地道的烤马铃薯。烤马铃薯的做法比较简单：将生马铃薯用锡箔纸包好，然后在锡箔纸上撒上盐，放上黄油，再放入180~200℃的烤箱中，烘烤45min。待马铃薯烤好后，在热气腾腾的马铃薯上面撒上肉碎，放上酸奶油即可。

土豆餐

德国土豆节

2）比利时

马铃薯在比利时人民的眼里具有非凡的魅力。世界上最具知名度的马铃薯博物馆就坐落在比利时的布鲁塞尔，其中的展品让观众了解了马铃薯的演变史以及有关马铃薯栽培的技术。有趣的是，在这里还能欣赏到大音乐家巴赫谱写的关于马铃薯的乐曲。

比利时薯条博物馆

比利时是世界上最喜欢吃炸马铃薯的国度。在其大街小巷，到处都可以见到专门经营炸马铃薯的店铺，甚至很多比利时的政贵显要，都会到店铺去购买炸马铃薯。有的比利时人一顿便餐只吃炸的马铃薯食品，如炸薯条、炸薯片、炸薯丝、炸薯球。炸薯片又有圆片、花片、方片、三角片等，炸薯丝也分粗丝、细丝、长丝、短丝等，各式各样的马铃薯食品琳琅满目，花样百出。当然，在众多的炸马铃薯品种中，炸薯条无疑是我们最熟悉的一道特色菜品。炸薯条的做法很简单：首先将马铃薯洗净去皮，切成5mm见方的条状；然后在锅中加入小半锅油，当油七成热时，放入切好的马铃薯条，用铲子轻轻翻动，使马铃薯条受热均匀，大约4~5min后，薯条在油锅中收水后漂起来，颜色变成金黄色，就可以起锅了。

由于各国口味不同，薯条的规格和蘸料也不尽相同。比利时人喜欢吃的薯条多为粗薯条，而美国人喜欢细薯条；比利时人喜欢用蛋黄酱蘸薯条，美国人喜欢用番茄沙司等。此外，西方国家炸薯条既可作零食又可作主食，作主食时一般和肉类一起食用。

3）俄罗斯

关于马铃薯怎样来到俄国，曾有过这样的传说。彼得大帝在荷兰的时候，从鹿特丹给他的亲信 B. 谢列麦契耶夫公爵寄回一麻袋马铃薯，要求他一定要在俄国种植好。俄国马铃薯的历史就从这袋马铃薯开始的。

彼得大帝画像

18世纪60年代，卡列里和其他地方发生了饥荒。当时管理医疗事务的机关——医学委员会向政府倡议，认为解决饥荒最好的措施是让荒民种植马铃薯。1765年1月16日，枢密院发布了关于在俄国种植马铃薯的第一道指令。随后，诺夫哥罗德省省长谢维尔斯向枢密院提出了一项在爱尔兰采购种用马铃薯并分发到各省的建议。枢密院审查了谢维尔斯的报告，拨款并命令医学委员会采购马铃薯，分发到全国。由契卡索夫男爵领导的医学委员会全力以赴地执行了枢密院的指令，他们向园丁艾克列宾购买了首批9袋马铃薯同时分发到维堡省、诺夫哥罗德省和彼得堡省。药剂师尼鲁斯在喀琅施塔得英国海船上购买了9普特马铃薯。根据枢密院的指令，信使库兹明于5月24日把马铃薯块茎送到维堡，与此同时，从普鲁士订购的半桶马铃薯也运到。阿尔汉格尔斯克省省长洛维村亲自将一袋种用马铃薯运到阿尔汉格尔斯克，并将这些材料分发给五个人种植。1765年春，分发种用马铃薯的工作结束。

1765年3月10日彼得堡省省长乌沙科夫向枢密院请示颁发关于种植马铃薯的《条令》。这一《条令》由十六部分组成，是一部指导栽培马铃薯的比较完善的农业技术文献，它随同枢密院的指令免费寄发至全国各省。

在诺夫哥罗德，一位不知名的菜农把约两袋马铃薯块茎切成单芽种植，获得了172袋（约3740kg）的惊人产量。省长谢维尔斯立即把这个消息报告给枢密院，枢密院指示科学院将这一成绩报道在《彼得堡公报》上。1766年2月10日《彼得堡公报》以社论的形式报道出来。

俄国街头的马铃薯摊

1842年沙皇尼古拉一世根据国家财政部的建议命令在几个省设立马铃薯育种地段，按公有方式种植马铃薯。这一措施引起了官属农民的怀疑，农民认为政府要把他们变成农奴，这种怀疑又为一些惊慌失措的农村司书所证实，这便成为叶卡捷林堡、彼尔姆、喀山和诺夫哥罗德省农民大规模起义的直接原因。彼得大帝一怒之下动用军队予以镇压，历史上将这一事件称为“马铃薯暴动”。可以说，马铃薯是伴随着枪声和血泪在俄国土地上安家落户的。在这之后，俄国人开始大量种植马铃薯，并使其成为主食，而“土豆加牛肉”已成为幸福生活的标志。

马铃薯在俄罗斯享有“第二面包”的美称。在俄罗斯，一年四季几乎每顿饭都离不开马铃薯。据统计，俄罗斯每年人均马铃薯消费量为100kg，几乎与粮食的消费量差不多。去年俄罗斯举办了马铃薯节，莫斯科居民和外地游客在莫斯科的高尔基公园里吃掉了450kg的薯片。活动组委会称："很多国家都有自己的美食节日，如奶酪节、葡萄酒节等。在俄罗斯食谱中占有重要地位的马铃薯值得我们庆祝一番。"

马铃薯在俄罗斯的吃法可谓多种多样：煮土豆、烤土豆、土豆泥等。如今，俄罗斯人将传统的马铃薯吃法与现代食品工艺相结合，推出了类似方便面的方便土豆泥，只需浇些开水即可食用。就连麦当劳登陆俄罗斯之后也推出了一款俄式马铃薯——乡村土豆块。乡村土豆块完全是按照俄罗斯人的吃法制作出来的，味道可比一般的薯条香多了。

除此之外，俄罗斯还出现了专卖烤土豆的快餐连锁店，名叫"小土豆"。其实，"小土豆"快餐的主要原料是比较大的土豆，每个土豆大小一致，重量有半斤左右，外面用锡箔纸包着，在烤箱里烤熟。顾客购买时，快餐店里的俄罗斯姑娘会很麻利地用刀将烤得热乎乎的土豆从中间切开，捣成泥状，加上一勺黄油和奶酪。然后根据顾客的口味，添加各类配菜和佐料。一份烤土豆的价格通常在50卢布左右（1美元约合59卢布，2017年）。莫斯科的一些大商场都有“小土豆”的分店，一到饭点门口就会排起长队。

4）美国

提起美国人，印象里总是和炸薯片、薯条等快餐食品密不可分，然而薯片的发明却是个巧合。1853年，一个富商在纽约的某时尚餐厅吃晚饭时，抱怨该餐厅的炸马铃薯太厚并将其退给了厨房。为了给这个傲慢的客人一个难堪，大厨切了一些像纸一样薄的马铃薯片，放在油锅中炸并撒上盐，但让所有人都意想不到的是，这位客人竟非常喜欢这位大厨的油炸马铃薯片（Saratoga Chips），从此薯片也开始流行起来。

而薯条在美国的兴起其实也颇具传奇色彩：第一次世界大战时，驻扎在法国的美国士兵在食用了当地的炸马铃薯条后，对这种独特的烹饪方式赞不绝口，因而在战争结束后把这种马铃薯的烹饪方法带回了美国，随后，薯条很快就融入了美国饮食文化并迅速成为当地最受欢迎的食品之一。实际上，马铃薯与美国今天的餐饮潮流结合得很紧密。在美国，随处都可见到人们手捧着美味的麦当劳炸薯条。时至今日，薯条以其酥脆香醇的口感和食用方便等特点享受着各国消费者宠爱的同时，也构成了其独特的饮食文化。

5）南美洲

你是被掩埋的
白色的玫瑰
你是饥饿的敌人
无论在哪个国度
你是地下的
黑夜里的英雄
各民族人民
取之不竭的宝藏

这首浪漫的诗歌所歌颂的并非是某个英雄人物，而是餐桌上美味的马铃薯。这首《土豆赞》是由秘鲁诗人所作，在马铃薯的故乡南美洲是脍炙人口的诗歌。秘鲁的马铃薯品种多达三千种，其中最好的是黄马铃薯，当地人把它叫“华依罗”，意思是鸡蛋黄。黄马铃薯外形比较难看，状似生姜，凹凸不平，但味道极好，营养成分非常高，几乎是秘鲁的“国菜”。除了本国食用外，秘鲁还向世界各地出口冰冻或者煮熟的黄马铃薯。而在西方普遍种植的白马铃薯，虽然个头很大、外形好看，但味道和黄马铃薯相差甚远。比起白马铃薯，安第斯山区的黑色和蓝色马铃薯含有更多的抗氧化、抗癌物质。目前世界上倾向于发展有色马铃薯，现在美国的“Blueberry”有色马铃薯价格昂贵，而安第斯山有色马铃薯抗癌成分高出美国这个品种十倍。

直到现今，马铃薯依然是大多数秘鲁家庭的主食，光是马铃薯的烹饪方法就有100多种。而在秘鲁安第斯山区，自古以来就有烤、煮和风干等多种传统吃法。比如，在马铃薯收获季节，农民在地边挖个土坑，放上烧热的石头来烤熟马铃薯，也可以在里面加上白薯、玉米、南瓜等。在克丘亚语中，“watia”就是“土坑烧烤”的意思；“pacha-manca”的意思是“地锅”，前者是“大地”，后者是“锅”。至今人们在马铃薯收获的季节里还说：“嘿，我们来挖个地锅吧！”（Vamos a hacer la pacha-manca！），或者“请我吃烤土豆吧!”（Invítame a la watia！）。

秘鲁街头的马铃薯餐

秘鲁街头的马铃薯小吃

5月30日是秘鲁一年一度的“全国马铃薯日”。每逢这一天，在秘鲁各大城市和主要马铃薯产区，人们都会自发地组织各式各样的庆祝活动，感谢马铃薯对人类作出的贡献。

秘鲁马铃薯日

2 马铃薯在中国

马铃薯究竟如何来到中国至今没有一个明确的结论。比较令人信服的一种说法是，由17世纪的西班牙及荷兰殖民者带到东南亚，再由菲律宾传入中国。我国广东、福建地区至今仍有人称其为“荷兰薯”。我国文学家徐文长（1521~1593）曾作诗“榛实软不及，菰根（茭白）旨定雌（菰根的味道不如它）。吴沙花落子（江苏地区的落花生），蜀国叶蹲鸱（指芋头）。配茗人犹未，随羞箸似知。娇颦非不赏，憔悴浣纱时。”有学者认为这首被推断作于明嘉靖末年（1565年）的渔鼓词描述的正是马铃薯。清朝康熙三十九年(1700年),地处闽北与浙西南的松溪县在县志中，把马铃薯作为蔬菜作物进行了记录和描述。由此可以推论，马铃薯最早在我国培植繁育的地点是台湾，明末清初时开始在东南沿海地区培育。我们有充分的理由认为，当欧洲和美国还把马铃薯仅作为一种观赏植物，对它的经济价值一无所知时，我国就已经在各地将它作为农作物进行培植。

直至今日，中国已经是世界上最大的马铃薯生产国。但是就目前的农业水平来说，我国马铃薯的品种和机械化生产技术还比较落后，这大大限制了我国马铃薯的生产水平。近年国内一些科研机构也在致力于培育出一些抗病能力强、产量高的品种，一些农机企业在马铃薯机械化生产装备的研发方面也取得了许多成果，马铃薯的生产由此逐步走向了正规化。

2015年初，我国启动了马铃薯主粮化战略，将推进把马铃薯加工成馒头、面条、米粉等中国人喜闻乐见的主食形式的进程，以充分挖掘马铃薯这一优良作物在高产和营养方面的潜质，丰富我国人民的食物选择，并改善我国主食的营养价值。随着这一战略的不断推进，我国马铃薯的产量及在粮食消费中所占的比例将进一步提高。

新式的马铃薯收获机

表 1　2001~2009 年世界马铃薯种植面积概况（万 hm²）

年份＼区域	亚洲	美洲	欧洲	非洲	大洋洲
2001	783.50	162.52	884.67	131.21	5.17
2002	784.51	168.87	832.71	125.27	4.90
2003	785.47	167.35	813.64	138.02	4.72
2004	810.86	161.13	792.25	153.32	4.76
2005	849.86	156.07	758.45	165.23	4.89
2006	784.88	160.47	736.27	155.47	4.74
2007	823.07	164.39	715.60	158.77	4.46
2008	865.02	156.53	625.56	161.09	4.97
2009	902.65	154.02	627.51	176.56	4.44

表 2　2001~2009 年中国马铃薯生产概况

年份	种植面积（万hm²）	单产水平（t/hm²）	产量（万吨）
2001	472.05	13.68	6459.61
2002	466.92	15.04	7022.33
2003	452.44	15.06	6813.93
2004	459.82	15.71	7225.63
2005	488.27	14.52	7090.67
2006	421.66	12.82	5407.56
2007	443.23	14.63	6483.74
2008	465.93	15.20	7083.97
2009	508.30	14.42	7328.19

二、马铃薯食品加工新技术

目前世界各国加工的马铃薯食品的品种主要有干马铃薯食品、冷冻马铃薯食品、油炸酥脆马铃薯食品、马铃薯罐头。而干马铃薯食品分为干马铃薯泥、干马铃薯、干马铃薯半成品等品种。干马铃薯泥和快餐用马铃薯配菜广泛应用于公共饮食业中。用粉状和片状的马铃薯泥可制成配菜、肉卷、甜馅饺子、油炸包子、烤菜等食品，也可用到许多浓缩食品中去。

马铃薯食品在国内外已有百余种，概括起来可分为以下几大类：

冷冻食品

冷冻是保存马铃薯营养成分和风味的最好办法，由于冷冻食品储存期较长因而深受欢迎。冷冻马铃薯的方法有直接冷冻和油炸后冷冻两种。直接冷冻就是把鲜薯去皮，切成不同的形状，预煮后直接进行冷冻，而油炸后冷冻，可贮存一个月。冷冻制品的特点是可以保持马铃薯的质地、风味和营养价值，同时不必再清洗、去皮、切块，是人们日常生活中烹调的中间原料。冷冻食品有冷冻马铃薯条、速冻油炸薯条、速冻马铃薯丁、速冻马铃薯丸子、速冻马铃薯糊、冷冻马铃薯膨化食品、冷冻马铃薯脱水食品等。

油炸食品

马铃薯作为一种美味的食品在世界传播主要开始于油炸马铃薯片，这种口味醇香、食用方便、价格适宜的食品一经问世，就受到了人们的喜爱和推崇。随着快餐的进入和小食品市场的丰富，现在我国市面上销售的，与人们接触最多的就是这种油炸食品，有关机构和企业对油炸马铃薯食品的工艺和设备的研究相对丰富和完善，如高温油炸、低温油炸、真空油炸等。油炸马铃薯食品少部分是中间产品，多数是可直接销售的终端产品，主要有油炸马铃薯片、油炸马铃薯条等。

脱水制品

新鲜马铃薯中的水分对马铃薯的保藏、运输和加工都会产生不利影响，采用真空干燥、干燥机干燥等办法制成脱水产品可降低马铃薯中的水分含量。脱水食品一般不是最终产品，是便于保存和加工的一种中间原料，主要有马铃薯颗粒、马铃薯片、马铃薯丁等。

膨化食品

马铃薯膨化食品是利用食品膨化机械间歇式或连续式地对马铃薯原料进行加工制成的一种食品，其组织结构蓬松多孔，口感香酥，利于消化吸收，是各年龄层人们都喜爱的一种食品。马铃薯膨化食品采用的原料多为马铃薯全粉或马铃薯淀粉，需要添加其他的物料和添加剂。

马铃薯全粉食品

严格地说，马铃薯全粉属于脱水制品，但具有特殊的工艺和作用，所以单独列为一类。马铃薯全粉和马铃薯淀粉是不同的制品，其区别在于全粉在加工中没有破坏植物细胞，基本上保持了细胞的完整性，虽然干燥脱水，但一经适当比例的水复水，即可获得新鲜的马铃薯泥，制品仍然保持了马铃薯天然的风味及固有的营养价值。而淀粉却是在破坏了马铃薯的植物细胞后提取出来的，制品不再具有马铃薯的风味和其他营养价值。正是由于这一点，欧美各国积极致力于研究马铃薯的加工方式，开发马铃薯全粉产品，并迅速给予推广，在国外种类繁多的马铃薯加工食品中，马铃薯全粉得到了广泛和大量地应用，成为食品加工业中一种新型的重要原料。

马铃薯全粉是其食品深加工的基础，主要用于两方面：一方面是作为添加剂使用，如在焙烤的面食中添加，可改善产品的品质，在某些食品中添加马铃薯全粉可增加黏度等；另一方面，马铃薯全粉可作为冲调马铃薯泥、马铃薯脆片等各种风味和各种营养强化食品的原料，用马铃薯全粉可加工出许多方便食品，它的可加工性优于鲜马铃薯原料，可制成各种形状，添加各种调味料和营养成分，制成各类休闲食品，如复合马铃薯片等。

马铃薯淀粉食品

马铃薯富含淀粉，是最适宜用于生产淀粉的植物之一。相比于其他品种的淀粉，马铃薯淀粉的优良品质和独特性能，主要体现在以下几个方面：马铃薯淀粉具有很高的黏性，可作为增稠剂使用，而且小剂量使用时，就已能获得合适的黏稠度，值得一提的是，由于其支链淀粉含量较高，很少会出现凝胶和老化现象；马铃薯淀粉分子聚合度高，颗粒大，因此具有高膨胀度，保水性能优异，适用于制作膨化食品、肉制品及方便面等；马铃薯淀粉的蛋白质、脂肪残留量低，含磷高且颜色洁白，具有天然的磷光，溶液的透明度也很高，因此能改善产品的色泽和外观；马铃薯淀粉的口味特别温和，没有玉米或小麦淀粉的典型谷物风味，所以风味敏感产品也可使用。马铃薯淀粉优异的性能使其及其衍生物被广泛应用于食品领域，如挂面、干粉、饼干、面包、肉制品、发酵制品等。

下面详细介绍现今国内马铃薯食用加工的新技术。

1 微波技术生产土豆片

早期人们直接用高温油炸土豆片，其色泽多为焦黄，含油量高，产品品质不稳定，在不断的生产和总结过程中，出现微波油炸技术，它不仅可使产品品质大大提高，而且土豆的营养成分损失也大为减少。本工艺的创新之处是：将传统的油浸炸工艺变革为涂油后用微波烘烤。其产品的色泽、风味、生酥脆度均佳，而含脂量则大大低于传统工艺。

微波加热和涂油烘烤加热快速。常规加热需要加热环境和传热介质，要相当长的时间才能达到所需加热温度；而微波加热可使土豆片直接吸收微波能并立即被加热，加热速度大大高于常规方法，其可大幅度节能和提高生产效率。常规加热是物品表面先热，然后通过热传导把热传到物品内部；而微波加热是整个物品同时里外发热，因而土豆片不会产生出现里生外熟的现象。且微波涂油加热具有便于调控、安全卫生、产品含脂量低等优点，相比于真空油炸土豆片，微波设备投入更低，能量利用率高，操作方便，比油炸土豆片更加经济、健康，酸甜辣等风味可任意调配，适合各年龄层人群食用，是非常理想的消闲食品。

油炸土豆片

1）材料

土豆、植物油、碳酸氢钠、调味料、香料、焦亚硫酸钠、柠檬酸等。

2）工艺流程

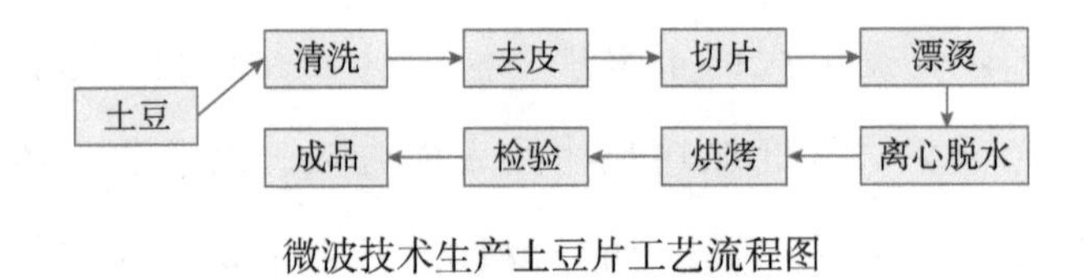

微波技术生产土豆片工艺流程图

3）操作要点

（1）原料预处理：选择皮薄、芽眼浅、表面光滑、大小均匀的土豆，用清水清洗干净后去皮。土豆去皮后，切片前用不锈钢刀修去黑斑或芽眼。

（2）护色液浸泡：切好的土豆片放入由0.045%的焦亚硫酸钠和0.1%的柠檬酸配成的护色液中浸泡30min，可抑制酶褐变和非酶褐变。切片要求厚薄均匀,厚度1.8~2.2mm时，烘烤出的土豆片松脆可口且色泽均匀。

（3）离心脱水：用清水冲洗土豆片至口尝无咸味即可。将土豆片离心1~2min，脱去外表水分。

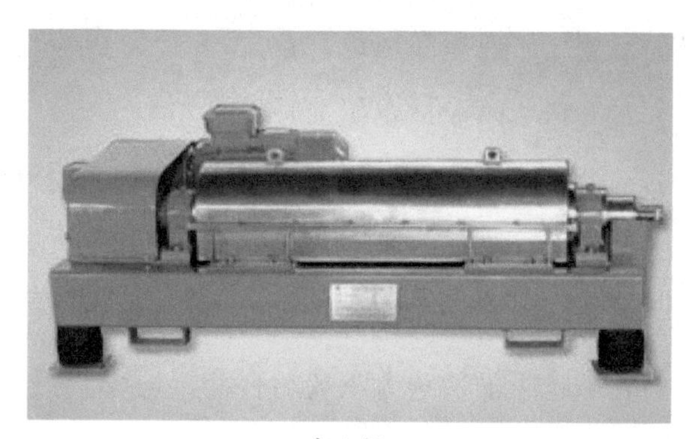

离心机

（4）混合涂抹：将干洁土豆片置于一个便于拌和的容器内，按土豆片重量计，加入脱腥大豆蛋白粉1%、碳酸氢钠0.25%、植物油2%，充分拌和，使土豆片涂抹均匀，静置10min即可烘烤。

（5）调味：烘烤出的土豆片边角未干脆的，可另烘烤，剔除焦糊的。选好的酥脆土豆片调味时，可将调味品和香料细粉撒拌在土豆片上混匀；或将食用香精喷涂在热土豆片上。风味品种有椒盐味、奶油味、麻辣味、海鲜味、孜然味、咖喱味、原味等。

（6）包装：用铝塑复合袋，每袋装成品50g，置于充气包装机充氮后密封，即得成品。

4）风味品种

（1）椒盐味：花椒粉适量、食盐1% 拌匀。

（2）奶油味：喷涂适量奶油香精。

（3）麻辣味：适量花椒和辣椒粉与1%的食盐拌匀。

（4）海鲜味：喷涂适量海鲜香料。

（5）孜然味：加适量孜然粉与食盐拌匀。

（6）咖喱味：加适量咖呕粉与食盐拌匀。

（7）原味：不加任何调味品与香料。

2 脱水土豆片

脱水土豆片

1）工艺流程

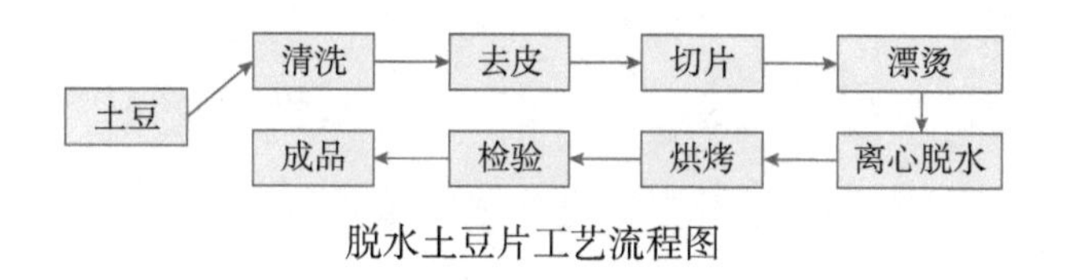

脱水土豆片工艺流程图

2）操作要点

（1）选料：将土豆中腐烂变质部分剔除。

（2）清洗：在清水中将土豆冲洗1~2遍。

（3）去皮：用削皮刀将土豆皮削掉，芽眼挖净。或者在去皮机中将土豆皮去掉，但芽眼需人工挖净。也可以将土豆倒入10℃的12%的NaOH溶液中，浸泡1~2min后捞出，用清水冲洗冷却，然后用5%的柠檬酸溶液中和，再用清水冲洗。

（4）切片：将切片机的厚度调至要求的厚度。一般为3.5~5mm，切片时应用大盛水容器将切下的片接住。这样做一是土豆片不易暴露在空气中氧化，二是可回收部分淀粉，三是避免土豆片相互撞击破碎。

（5）漂烫：在85~95℃的水中漂烫1~2min，随时搅拌，防止土豆片重叠，造成漂烫不匀。漂烫后，捞入清水中漂洗冷却。

（6）脱水：在离心甩干机中，将土豆片表面水分脱去，易于烘干。

（7）烘烤：有条件的厂家，可用振动流化床干燥机。利用原有烤房的可用竹笼或纱框装载土豆片，然后放在烤车或烤架上，装满后迅速推入烤房。烘烤温度应保持在60~75℃之间，当湿度达到70%时，即需排潮。烘至土豆片含水量在10%以下时，应及时出烤房，否则易造成土豆片焦化。

成品为白色或黄白色，有斑点的片数不能超过5%，水分不得超过10%，厚度不得低于1mm。

3　低温常压油炸土豆片

高温常压油炸的方法由于油温高往往会带来一些不良

后果，如食品的营养成分在高温下遭到破坏，影响其色泽、口感和风味等。另外，高温使油发烟，既增大油耗，又会产生劣变，甚至使产品产生一些对人体有害的物质。真空油炸的方法虽然可以有效地解决以上问题，但所需设备庞大，投资成本较高。本文研究的低温常压油炸土豆片的工艺，有效地避免了高温对食品营养成分的破坏及其对品质的影响，产品不仅色泽风味好，而且质地酥脆，既防止了油脂的高温劣变，又降低了成本，且产品安全卫生。

1）材料

土豆、花生油、柠檬酸、食盐、亚硫酸氢钠。

2）设备

电热油炸锅、恒温干燥箱、自动切片机、电子天平。

电热油炸锅

3）工艺流程

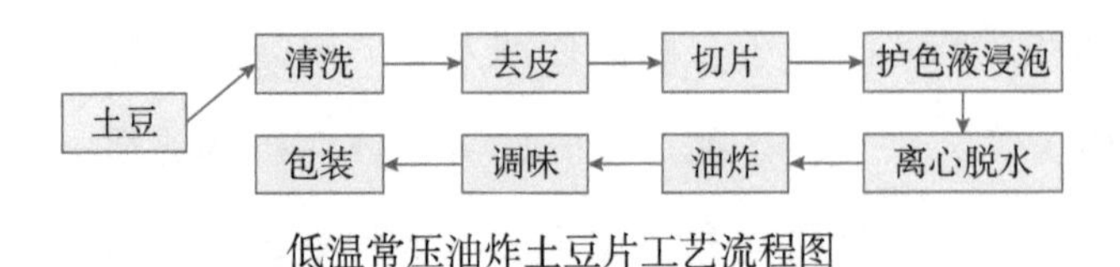

低温常压油炸土豆片工艺流程图

4）操作要点

（1）选择无虫害、没发芽的优质土豆。

（2）清洗去皮，去皮时注意要挖去土豆的芽眼。

（3）切片：采用自动切片机进行切片，厚度控制在2~2.5mm。

（4）护色：切片后将土豆立即放入已经配制好的护色液中，护色液采用0.1%柠檬酸+0.1%亚硫酸氢钠，护色时间0.5h。

（5）油炸：将油预热到140~160℃左右，按一定的料油比投料，不断搅动，使之均匀受热，物料呈金黄色时及时起锅。

（6）调味包采用1%食盐、适量辣椒粉、五香粉等配制成调味料，喷撒在成品上，搅拌均匀，成品冷却后包装密封。

5）工艺分析

（1）油温的变化阶段：

①急速下降期。油预热到一定温度后立即投料，这时会引起油温的急剧下降。引起油温急剧下降的原因：一是物料与油的温差较大，二是物料表层的自由水汽化带走大量热能，三是热源所提供的热能远不能满足物料升温或水分蒸发所需要的热能。此阶段油温下降的程度取决于料油比、物料的水分含量及热源功率的大小，其中料油比起主要作用。料油比越高，油温下降程度越小。伴随着油温的下降，大量水分汽化。

②缓慢下降期。这一阶段因料油温差缩小，水分汽化速度减缓，因此，油温下降较缓慢。

③稳定期。此时热源所提供的热能与物料中水分汽化吸热相平衡，油、料的温度均保持恒定，油、料间温差导致热传递所供给的热量，正好等于物料中水分汽化所需热量。此时物料的失水率几乎呈直线上升。对应于此阶段，物料内部温度正好为糊化的最佳温度。稳定期越长，物料糊化越完全，成品的质量也就越高。

④回升期。此阶段物料中水分的汽化速度大大减缓，油温上升，物料外部开始进行焦糖化反应，制品的颜色发生改变。如果此阶段时间持续过长，物料会出现过度的焦糖化反应，使制品呈难看的颜色。因此，要想使制品有良

好的色泽，就应控制好起锅时间。料油比越高，越不容易控制火候，所以选择较低的料油比，如1∶2，比选择1∶3、1∶4的料油比更好。

（2）物料温度变化规律：

物料温度上升是两个因素共同作用的结果，一是由于料油间的温差而引起的传热，二是由于物料中水分汽化吸热，其中包括水分的外扩散过程即传质。根据传热传质速度的快慢，可把物料温度的变化分成三个阶段，即急速上升期、减速上升期和稳定期。

当进入稳定期时，物料内部温度接近100℃，此时内部水分继续向外扩散而汽化，物料内部淀粉分子糊化完全而形成交联结构，物料外部同时开始焦糖化反应而呈色，当物料加热时间达8~10min时，物料内部温度进入稳定期。

①土豆片失水率与加热时间、入锅温度、料油比的关系：

实验结果表明，随着加热时间的延长，物料失水率不断上升，即水分散失不断增多。而相同的加热时间，料油比高的其失水率也高。

②土豆片失水率与加热时间的关系：

实验结果表明，入锅温度150℃时，失水率最高，140℃时次之，160℃时失水率最低。料油比1∶2时，成品失水率为26%左右，此时成品口感酥脆，而1∶3、1∶4的料油比成品失水率将升高，使之失水过多而变硬。

③成品色泽与出锅温度的关系：

经感官鉴定，成品的色泽要求达到金黄色为好，这就要求物料失水达一定程度，物料外部发生适当焦糖化反应。由实验表明，当物料失水率为26%~30%，油温达到140~150℃时开始发生焦糖化反应，160℃起锅，成品正好呈金黄色，且含油量低，酥脆性好。

（3）结论

①土豆片低温油炸最佳工艺条件是：150℃入锅，160℃起锅，料油比1∶2。

②影响成品质量最主要的因素为料油比，其次为出锅温度，再次为入锅温度。

4　婴幼儿辅助食品——肉菜泥

婴儿每单位体质量所需要的热量、蛋白质、维生素及矿物质比成年人多2~3倍。母乳是婴儿主要的食品，但6个月后仅靠母乳或牛乳已不能满足其营养需求，必须额外补充食物以满足营养需要。肉菜泥以瘦猪肉、鸡肝、猪脂、胡萝卜、土豆为主要原料，根据婴幼儿发育特点，经过营养配料、科学工艺制成。原料中瘦猪肉同牛羊肉相比肉质细嫩、易消化，鸡肝营养丰富，特别是其富含维生素A、铁、锌等多种婴幼儿容易缺乏的营养成分，对促进婴幼儿的视力和智力发育，预防缺铁性贫血起到重要的作用。土豆、胡萝卜富含淀粉、胡萝卜素和膳食纤维，既弥补乳制品中这些营养素不足，满足婴幼儿生长需要，还可以促进婴幼儿胃肠功能的完善，防止小儿便秘。

1）材料

精猪肉、鸡肝、猪脂、胡萝卜、土豆、食用盐、糖冰水、柠檬酸。

2）设备

搅拌机、高压蒸汽灭菌锅、夹层锅、GT4B2真空封口机等。

3）工艺流程

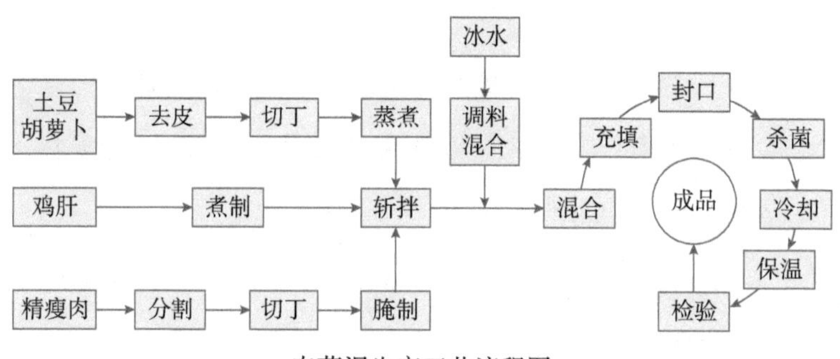

肉菜泥生产工艺流程图

4）操作要点

（1）选料：应选用健康无病、符合卫生标准的生猪的新鲜瘦肉及地道的鸡肝。土豆应剔除伤烂、带青绿色、虫蛀等不合格品，胡萝卜要洗净泥沙杂质。

（2）分割：严格剔除瘦猪肉上依附的肥肉及其筋膜、软骨，瘦猪肉最好选用腿肉。

切丁：将去皮后的土豆、胡萝卜和猪肉分别切成1cm左右的丁块。

（3）预煮：土豆和胡萝卜放入含柠檬酸0.2%的水中预煮，预煮时间以煮透为准。预煮后用清水冷却透。

（4）腌制：将瘦肉与适量盐混匀进行腌制。腌制的目的除了使肉中含有一定的盐量以保证制品具有适当的滋味，抑制微生物的生长，同时还可以提高制品的弹性、黏性和保水性。

（5）卤制：取一定量的鸡肝于锅中，加入适量的水，加热，待煮沸后，加入适量的盐和花椒、大料等调味料，旺火煮至30min即可。

（6）斩拌：先将瘦肉、鸡肝和1/4冰水放入斩拌机斩拌，斩拌到一定程度后再依次加入蒸煮过的土豆、胡萝卜、其他辅料及1/4冰水斩拌一段时间，待主料与其他辅料斩拌充分后，再加入剩余冰水斩拌成酱状即可。

5）结论

瘦猪肉72g、鸡肝72g、猪脂24g、土豆48g、胡萝卜48g、冰水222g、糖20g、盐2g，斩拌时间为6min，杀菌温度、时间为118℃、55~60min，鸡肝卤制温度、时间为100℃、30min。

该产品既可以单独食用，也可以配合其他食物，如稀饭、面汤、米粉等同时进食，产品味道独特，口感细腻，营养平衡、全面且不含任何化学添加剂、防腐剂，婴幼儿食用安全可靠。

5　饮料型马铃薯酸奶

马铃薯酸奶

1）材料

新鲜马铃薯、牛乳(或乳粉)、蔗糖(甜味剂)、稳定剂、乳酸菌菌种。

2）工艺流程

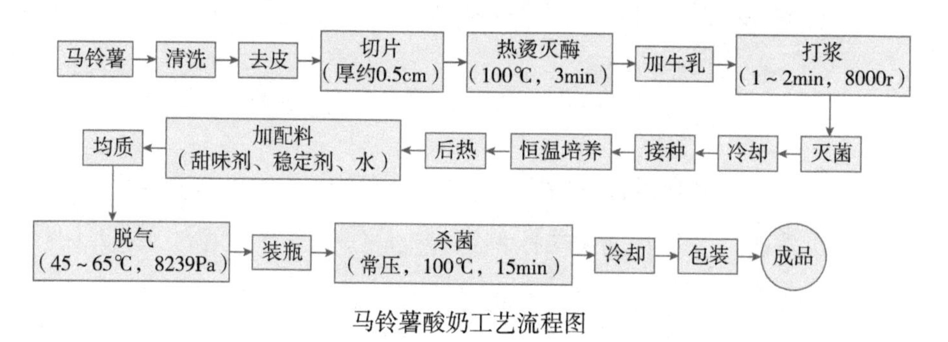

马铃薯酸奶工艺流程图

3）操作要点

（1）马铃薯中的过氧化物酶的最适pH=5.0，最适温度为55℃，在100℃下热烫1.5min酶基本失活(＞95%)，热烫达3min时失活99.5%。

（2）厚度约0.5cm的马铃薯片在100℃下热烫2~3min，其中的过氧化物酶基本失活(＞95%)，热烫达5min时仍有活力。

（3）马铃薯酸奶饮料的最佳发酵工艺为：接种量2%~4%，发酵时间4h，培养温度41~43℃，此时饮料风味最好。

（4）马铃薯酸奶饮料的最佳配方为：马铃薯20%~30%，牛乳10%~15%，蔗糖1.5%~2%。

（5）使饮料形成稳定乳浊液，要求颗粒直径不超过3μm，并使用混合稳定剂(酸性CMC：黄原胶：魔芋精粉=0.2%：0.5%：0.2%)。

4）产品指标

（1）感官指标色泽：均匀乳淡黄色。滋味和气味：酸甜香适口，具有乳酸菌饮料特有滋味、气味，无异味。组织状态：呈均匀细腻的乳浊液，允许有少量沉淀，无异物，无分层现象。

（2）理化指标：蛋白质≥0.7%，可溶性固形物≥10%，酸度25~80°T，砷≤0.5mg/kg，铅≤1.0mg/kg，铜≤5.0mg/kg。

（3）微生物指标：

表3　马铃薯酸奶微生物指标

项目	指标
大肠菌群（个/100mL）	≤90
致病菌（系指肠道致病菌及致病性球菌）	不得检出

6　土豆制作仿虾片

用土豆制作的仿虾片，口感酥脆，味香爽口，制作技术如下：

1）材料

土豆片1kg、精面粉100g、鸡蛋2个、水250mL食用油。

2）工艺流程

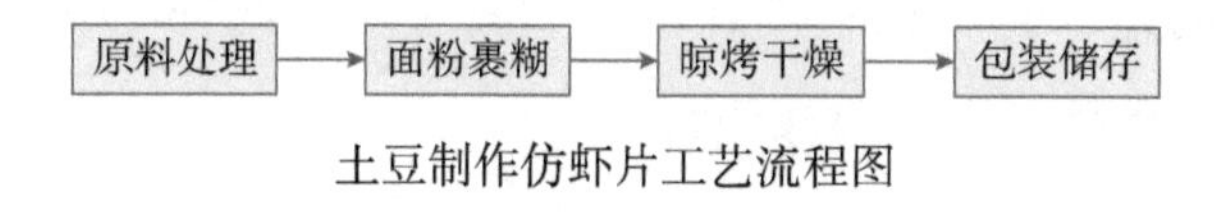

土豆制作仿虾片工艺流程图

3）操作要点

（1）选择个大、水分少、无绿色、未发芽、无严重机械损伤的土豆为原料。

（2）原料处理：将土豆清洗干净，去皮，切成1.5mm厚的薄片，再切成大小一致的圆片或方片。然后用清水漂洗除去淀粉，捞出沥水，并晾晒或烘干。

（3）面粉裹糊。先将精面粉倒入水中，搅拌均匀，再将鸡蛋打开一个小口，倒出蛋清，剩下蛋黄，将蛋清调入面粉糊中搅拌均匀。然后将土豆片放入面粉糊中，并让土豆片充分裹上面糊。

（4）晾烤干燥。将上糊的土豆片均匀摊在晾筛上，并加盖防蝇网罩，放置在通风、干燥处晾晒干燥，或放在烘箱内烘烤干燥。

（5）包装储存。按土豆片直径大小装入复合膜食品袋，采取真空密封，以防止氧化酸败。储存环境应通风、避光、低温。

（6）油炸方法。食用时，将仿虾片入油锅煎炸。油温不宜高，以防焦糊。炸至色泽微黄（时间约1min），表面发起小气泡时，迅速捞出即可。

7 土豆溶液作为酵母的生物活化剂生产面包

每100g新鲜土豆中含钾502mg、镁229mg、氯68mg，

而每100g小麦粉中含钾195mg、镁51.1mg、氯15mg，远远低于土豆中的含量。对面包酵母来说，钾、镁、氯都是生长的必需元素，它们能刺激酵母的生长，加速酵母产气，从而加速酵母的活化速度，增加面团的胀发力。其次，土豆经煮熟后，淀粉被糊化，有利于淀粉酶的水解作用，加快水解速度，可以在较短的时间内给酵母提供碳源，也能使酵母活化速度加快。

从土豆淀粉结合水的角度研究，土豆淀粉与小麦淀粉也有所不同，土豆淀粉结合水的能力很强，干燥的土豆淀粉含水量为20%，而小麦淀粉只有13%，所以在小麦粉中加入土豆泥，可以提高面包的水分含量，使之口感柔软，起到延长储存期的作用。

一定浓度的土豆溶液可以加快酵母的活化速度，增加面团的胀发力。在面团中添加土豆泥，改善了面团的工艺性能，增大了面包体积，使面包白度增加、口感柔软，并具有延长面包储存期的作用。

1）工艺流程

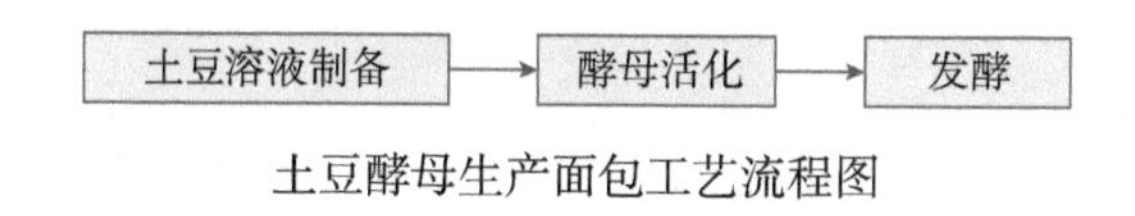

土豆酵母生产面包工艺流程图

2）操作要点

（1）土豆溶液制备：将土豆洗净，煮熟，去皮，研成土豆泥。(煮土豆的水留下备用)。然后，取煮土豆水100mL，加土豆泥10g，搅匀即制成10%浓度土豆溶液。

（2）酵母活化：将上述制备好的土豆溶液，加入0.8g酵母，放入30℃调温调湿箱中活化。

（3）发酵：100g面粉加活化好的酵母马铃薯液50mL，和成面团后，在30℃、75%湿度的调温调湿箱内进行发酵。

（4）实验证明，在酵母活化液中添加10%左右浓度的土豆溶液，可加快酵母的活化速度。在面包面团中添加10%左右浓度的土豆溶液，可以使面团胀发力增加，同时使烘烤后的面包体积增大，柔软增加，白度提高，也有利于工业化生产的机械操作。

8 土豆雪晶粉、雪晶冻

用雪晶粉加工成的雪晶冻，晶莹透明，营养丰富，口感绵韧清脆，香气诱人，味道酸甜麻辣可随意调节。其加工技术如下：

1）材料

土豆淀粉5%、红藻胶94%、乳酸钙0.2%、山梨酸钾（或苯甲酸钠）0.14%、磷酸氢二钠0.1%、亚硫酸钠0.1%、葡萄糖酸内酯0.35% 。

辅料：食盐、柠檬酸、鸡精、食用色素、火腿精适量。

2）设备

粉碎机、封口机。

粉碎机

3）工艺流程

雪晶粉制作：

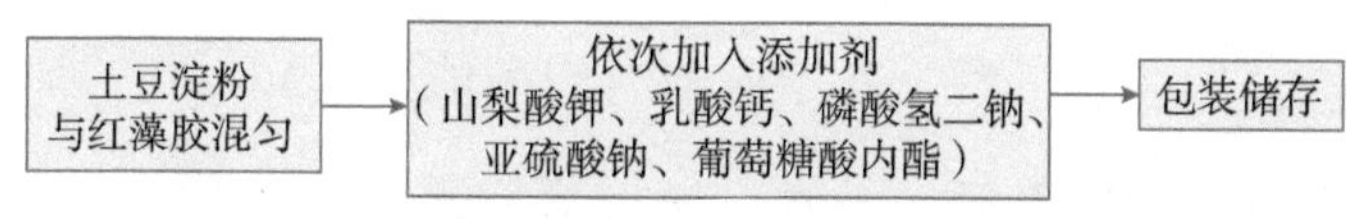

土豆雪晶粉工艺流程图

雪晶冻制作：

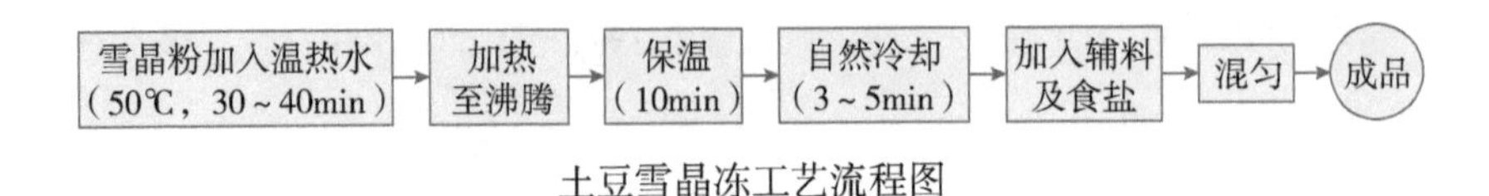

土豆雪晶冻工艺流程图

4）操作要点

（1）制作雪晶粉：将土豆淀粉与红藻胶按比例混合均匀，再依次将山梨酸钾、乳酸钙、磷酸氢二钠、亚硫酸钠、葡萄糖酸内酯加入粉末中，混匀即为全组成成分。另取适量柠檬酸、鸡精、食用色素、火腿精装入小塑料袋中封口，组成辅料。辅料(连袋)与全料一同装入大塑料袋中，由封口机封口成型，即为成品雪晶粉。

（2）制作雪晶冻将主料10份，加入1000份50℃左右的温热水中浸泡30~40min。温度在34~35℃，再用文火升温，至水沸腾，保温10min，入盆自然冷却3~5min，再加辅料微量,少量食盐搅匀,即可自然结成雪晶冻。为了增加口味，也可在“雪晶粉”即将冻结时加入其他熟料（如熟花生米、熟豆粒、熟红枣等）。

（3）注意事项：开始浸泡时间不能低于30 min，加热时温度要缓慢升高，不宜过快过猛；制作时要不断搅拌以防糊底；成品只能凉拌不能热食，食用时若渗出少量水，不必倒掉，因为里面溶有许多营养物质。

9　速冻土豆饼

速冻食品（quick frozen foods）是指采用现代速冻方法冻结后冻藏的食品。速冻食品能最大限度地保持天然食品的原有新鲜度、色泽、风味和营养成分，具有食用方便、卫生安全、保质期长等特点。现在我国的各大中城市基本上已形成了冷藏链，速冻食品在食品工业中异军突起，越来越受到人们的青睐。我国的速冻食品大多是速冻食品原材料类，调配菜类速冻食品尚未上市。

将土豆和胡萝卜科学配伍，辅以肉类及其他调味料，采用现代速冻工艺，能够生产出风味独特，色、香、形俱佳的速冻食品。这不但开发利用了土豆资源，为脾胃虚弱者提供食疗，而且增加了现代速冻方便食品的花色品种。科学开发马铃薯等薯类食品资源符合我国食品工业发展纲要提出的发展方向。

速冻土豆饼

1）材料

土豆、胡萝卜、猪肉（肥肉∶瘦肉= 7∶3）、色拉油、煎炸粉、糯米粉、五香调味粉、猪肉调味粉、盐等。

2）设备

蒸箱、滚动去皮机、打浆机（组织捣碎机）、高压锅、胶体磨、刨肉机、绞肉机、粉碎机、拌馅机、隧道式送风装置。

滚动去皮机

3）工艺流程

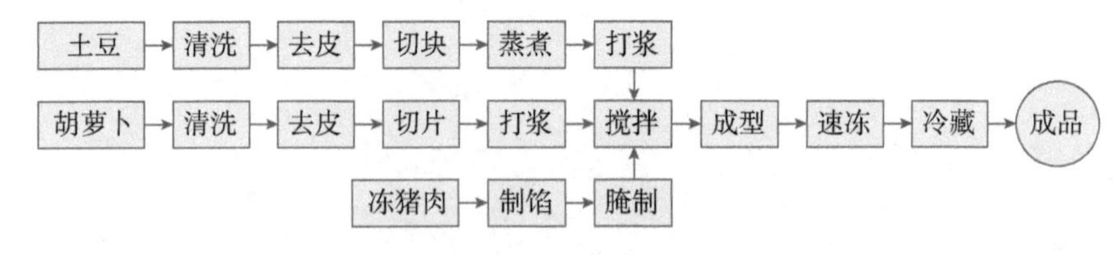

速冻土豆饼工艺流程图

4）操作要点

（1）土豆泥的制备

清洗、去皮：用自来水清洗土豆表皮上的泥沙和杂物，将土豆放入装有20%~25%氢氧化钠水槽中，在95℃左右的温度下浸泡1~2min后，再放入滚动去皮机内，用水清洗去皮。

切块、蒸煮：将每块土豆用刀切成4 块，投入蒸汽箱中汽蒸，以蒸熟、蒸透为宜。

打浆：将熟土豆块立即投入打浆机中，打浆机的速度控制在600~700r/min，打浆时间依投料量而定。感官上要求土豆成泥状。

（2）胡萝卜浆的制备

将胡萝卜去掉须根和根基绿色部分，用流动水充分洗涤，洗净其表面的泥沙。然后用4%复合磷酸盐溶液浸泡4~5min，捞出后用流动水冲洗去掉外皮。再将其切成2~3mm的薄片，在0.5MPa蒸汽压下汽蒸8~10min，冷却后用胶体磨磨浆，加水量为胡萝卜重量的50%。

（3）肉馅的制备

绞肉：肉馅制备的原则是硬刨、硬绞、绞后解冻。用绞肉机将冻肉刨切成6~8mm厚，6~8cm宽，15~20cm长的薄片，再将这些肉片投入到孔径为8mm的绞肉机中，绞成碎肉。

腌制：将肉馅与五香调料粉、猪肉粉、盐等搅拌均匀，在18℃左右环境中腌制12h。

（4）煎炸粉的制备

采用快速法生产主食面包，将面包冷却后撕成碎块，利用恒温干燥箱烘干。温度在80℃左右，时间约2h。最终水分在15%左右。再用小型粉碎机粉碎，细度在60目左右。

（5）混合

将配方中除胡萝卜浆以外的所有原料一起投入拌馅机，用胡萝卜浆液调节物料的状态，以手握成团并具有一定的黏弹性，松手面团不散为度。

（6）成型

先将面团做成圆形，约50g/个，外裹以煎炸粉，再在圆形印模（类似月饼模具）中压按成型，饼的直径约为4cm，厚度约为1cm。

（7）速冻

将土豆饼码入托盘中，间距约1.5cm，放到拖架车上推入隧道式送风冻结装置中，空气温度为-35℃，风速为3m/s。在20min内完成速冻。

速冻后的面饼中心温度达到-18℃。然后用聚乙烯塑料薄膜单体包装。

（8）冻藏

冻库内的冻藏温度为-20~-18℃。

5）讨论

（1）速冻土豆饼营养成分

在速冻土豆饼的生产过程中，基本采用物理方法进行物料混合，面饼外裹以煎炸粉进行速冻，故速冻土豆饼的营养成分基本是各原辅料营养成分之和，营养元素很少流失。每100g土豆饼约含水分62.9%、蛋白质3.22g、脂肪56.33g、碳水化合物20.78g、热量10.025kJ。它是一种营养较高的调配菜类速冻食品。

（2）胡萝卜的去皮方法

采用复合磷酸盐去皮效果最佳，且对果蔬组织无腐蚀作用，去皮后的果蔬颜色、形状等都不改变。

（3）胡萝卜浆浓度对产品质量的影响

本工艺采用胡萝卜浆浓度来调节面团的水分。若胡萝卜浆浓度太稀，则加入量太少，成品中胡萝卜含量少，失去了添加的意义。若胡萝卜浆太稠，不但给胶体磨浆带来困难，而且面饼易炸散。采用单因素优选法确定磨浆时加水量为胡萝卜重量的50%。

（4）肉泥中肥瘦比例的搭配

若肉泥中全是肥肉，则产品口感油腻而不爽；若肉泥中全是瘦肉，则产品口感粗糙。瘦肉：肥肉比为3：7效果最佳。

（5）相关粉料的选择

选用糯米粉作为黏合剂。糯米粉有三个作用：其一，它有很强的吸湿性，添加以后可以缓解料体太稀的问题；其二，添加糯米粉能极大地提高产品的品质，尤其在口感方面，咬感好；其三，添加糯米粉有利于提高产品的组织结构，使成品组织更加严密结实，不易断裂。

（6）煎炸粉对产品质量的影响

土豆饼表面的煎炸粉有效地阻隔了面饼与空气的接触，可以极大地减少制品在速冻和冻藏过程中发生的干耗、变色、冻结烧等不良现象。

（7）速冻工艺中空气风速的选择：

由于面饼表面裹以煎炸粉，如果风速太高，空气会吹掉粉体，所以选用较低的速度3m/s。

（8）产品的感官指标

形状：圆形或椭圆形，块形整齐，无毛边，无裂纹，

煎炸粉分布均匀且牢固地粘于饼上，油炸后不崩散。

颜色：外表呈乳黄色，内部粉白相间。

风味：以土豆味为主，肉香为辅。

口感：油炸面饼后，制品外焦里软，香而不腻，有沙粒感。

组织：冻品内水分形成无数针状小冰晶，其直径小于100μm，冰晶分布与液态水分布相近。

10　土豆米粉酥脆休闲食品

土豆米粉酥脆休闲食品采用焙烤生产工艺制作，即按照一定的配方将米粉、面粉、淀粉、油脂及各种调味料加水调制，充分调匀，适当静置，然后辊轧成20mm的薄片，再切割成型，在适当的焙烤温度下烘烤，烘烤成熟后出炉冷却，整理包装得成品。

土豆米粉酥脆条

1）材料

土豆淀粉60~160g、面粉50~100g、米粉50~250g、油脂40~80g、芝麻30~40g、芥末30~40g、糖1~2g、盐1~2g、苏打粉2g、香味料5~10g、虾味料5~10g、辛辣料1~3g、绿海苔1~3g。

2）设备

VMF 10型搅拌机、XYD远红外电热食品烤炉、冰箱、电子天平等。

3）工艺流程

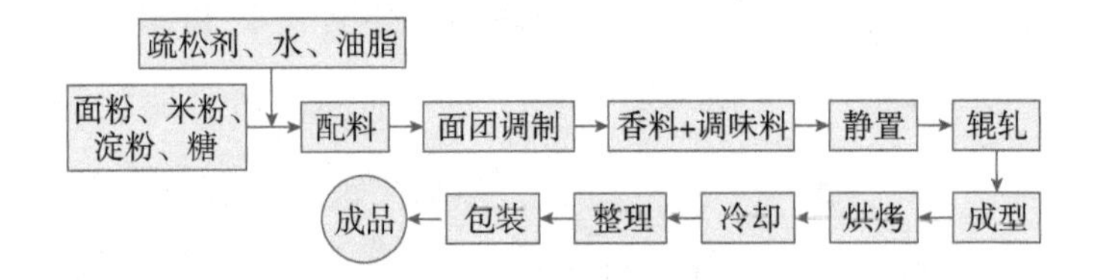

土豆米粉酥脆条工艺流程图

4）操作要点

将米粉、淀粉、糖、食盐加水进入搅拌器，再将起酥油加入，快速搅拌混合搅打，然后加入预先加水溶解好的酥松剂、各种调味料，混合，慢搅打调匀。从搅拌器中取出混合料手工整理成型，辊轧成2mm的薄片，再用刀切割成小方块（长宽各20mm），然后置于烤盘中进行烤箱烘烤，上火165℃，下火165℃，烘烤10min，至表面呈金黄色出炉，将成品冷却至室温，然后进行包装，即得成品。

5）讨论

通过对主料面粉、米粉、淀粉、油脂用量的不同配比进行实验，其结果表明，50：100：160：40的配比口感较好，酥脆性较好，硬度适中，组织结构较好。基于上述最佳主料配方，通过对风味料的不同配比进行实验，其结果表明芥末：芝麻：糖：盐：香味料：虾料：辛辣料：绿海苔的最佳配比为40：40：2：2：10：10：3：3。

操作应注意主料面粉、米粉、土豆淀粉、油脂含量的配比不同直接影响产品的品质，同时还要考虑面团的加工操作、成型等问题。必须使用适量的面粉，使其在加工成型时效果较好。产品酥脆可口，营养丰富，老少皆宜。

11　苹果渣土豆火腿肠

火腿肠具有口味鲜嫩、卫生洁净、食用方便等诸多优点，深受消费者的喜爱。但目前市场上的火腿肠口味单一、品种较少，营养成分以动物蛋白、脂肪为主，缺乏维生素、矿物质、膳食纤维及其他功能成分。在火腿肠中添加苹果渣和土豆泥，既平衡了其营养组成，又丰富了火腿肠的花色品种，满足不同人群对口味的需求。

1）材料

苹果、土豆、猪臀部肉、香辛料、味素、胡椒粉、玉米淀粉、食盐、白糖。

添加剂：PVDC肠衣、卡拉胶、大豆蛋白、异Vc-Na、亚硝酸钠、复合磷酸盐、红曲红色素。

2）设备

榨汁机、电子天平、绞肉机、斩拌机、小型灌肠机、电蒸煮锅、鼓风干燥箱。

3）工艺流程

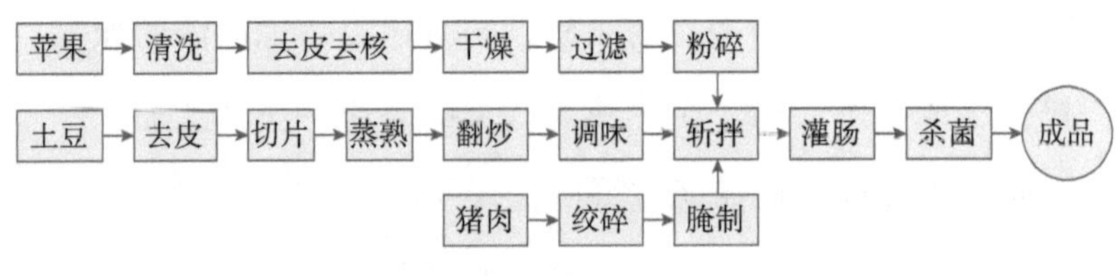

苹果渣土豆火腿肠工艺流程图

4）操作要点

（1）苹果渣的制备

选择无病虫害、无腐烂、八九成熟新鲜苹果为原料。将选好的苹果原料清洗干净，再用纯净水进行冲洗。将苹果切块，剔除果蒂、果核。用榨汁机进行榨汁，过滤，取果渣。将湿苹果渣置于60℃鼓风干燥箱，恒温干燥24h。最后把干燥的苹果渣粉碎。

（2）土豆泥的制备

将土豆去皮，切片、清洗，用电蒸煮锅蒸煮后搅拌成泥。再将土豆泥放置热锅中，加入色拉油炒成半流体状时放少许食盐、味素调制成咸鲜味即可。

（3）肉的处理

原料肉修整：选择检验合格、肥瘦比例适当的猪臀部肉，将肥瘦分开，除皮、淤血、筋膜、筋键等，洗净，用8mm孔板绞碎。

腌制：将绞碎的肉，放入瓷盆中，加入食盐、亚硝酸钠、复合磷酸盐、异Vc-Na，肉温≤10℃搅拌均匀，放入4℃的冰箱中腌制24h。

斩拌：斩拌前先用冰水将斩拌机降温至10℃左右，然后将腌制好的馅料、苹果渣、土豆泥、冰片、白糖、香辛料、玉米淀粉和大豆蛋白斩拌2~5min结束。斩拌过程温度应控制在10℃左右，斩拌结束静止3min即可充填。

灌肠：将斩拌好的肉馅灌装至PVDC肠衣中松紧适宜。

杀菌：蒸煮温度90℃左右，时间60min。

（4）火腿肠基本配方

猪肉100%（肥瘦比例15∶85）、大豆蛋白3.5%、玉米淀粉4%、卡拉胶0.5%、复合磷酸盐0.5%、食盐3.5%、香辛料1%、味素0.3%、白糖1.0%、红曲红色素0.03%、水适量。

5）讨论

（1）苹果渣添加量对火腿肠的影响

在其他因素不变的情况下，苹果渣添加的量在4%和8%时，火腿肠的感官指标总分较高。随着苹果渣添加量的增大，火腿肠色泽变差，苹果味显著增加。

（2）土豆泥添加量对火腿肠的影响

火腿肠中加入5%和10%的土豆泥后较对照火腿肠切片光滑，口感爽滑细腻，有淡淡土豆味，优于其他水平的添加量，比较适合大众的要求。当添加量为20%时，土豆味浓郁，肉香减淡，火腿肠的色泽变差。

（3）玉米淀粉添加量对火腿肠的影响

在其他因素不变的情况下，玉米淀粉添加量增大，火腿肠切片性越好，玉米香味也愈来愈浓。综合考虑，玉米淀粉添加量为2%、4%、6%比较合适。

（4）肥瘦肉比例对土豆火腿肠的影响

在苹果渣、土豆泥、玉米淀粉添加量不变的情况下，瘦肥比例越大，肠的切片性和口感越好，色泽越纯正，风味越鲜美。肥瘦肉比例为15：85、20：80、25：75时各项感官指标都比较好。

（5）火腿肠最佳配方

苹果渣添加量为4%、土豆泥添加量为5%、玉米淀粉添加量为4%、肥瘦肉比例为20：80为最佳组合。

6）结论

（1）在火腿肠中添加4%的苹果渣和5%的土豆泥可很好地改善火腿肠的口感，同时还增大了膳食纤维等功能成分的比例。由于苹果渣含有丰富的多酚类物质，在空气中极易氧化褐变，在制备苹果渣的过程中一定要注意控制好时间，必要时可进行脱色处理。

（2）土豆泥中含有大量的淀粉，所以要综合考虑土豆泥和玉米淀粉的添加量。本实验适当降低了土豆泥的比例，对于火腿肠感官指标有一定提高。

（3）在单因素试验中，玉米淀粉最佳添加量为2%，而在正交试验中得出其最佳添加量为4%。因考虑到各因素之间相互作用，并且从产品的外观、口感、组织状态、色泽等方面考虑，玉米淀粉添加量为4%比较理想。

12 马铃薯沙淇玛

沙淇玛是一种人们喜爱的糕点类食品，传统的产品是以鸡蛋为主料制作而成。在人们追求食品营养健康的今天，开发一种以天然蔬类为原料的“沙淇玛”，不但可以丰富产品种类，而且由于马铃薯粗纤维含量高、低脂肪、低蛋白、无蛋、无面粉，必将成为喜欢“沙淇玛”但又恐其高糖、高脂肪人群青睐的糕点。

马铃薯沙琪玛

1）材料

马铃薯、红薯、淀粉、食用油、糖等。

2）设备

配料缸、压片机、切丝机、油炸锅等。

3）工艺流程

马铃薯→蒸熟→调配→压片切丝→油炸→拌糖→成型→包装→成品

马铃薯沙琪玛工艺流程图

4）操作要点

（1）选料：将新鲜原料清洗去皮蒸熟，并打成泥状。

（2）调配：按比例将调味品原辅料混合均匀，在压片机上压成2mm的薄片，并切成丝。

（3）油炸：将薯丝在130℃的油温下炸至饼丝酥脆，迅速捞出沥去表面浮油。

（4）拌糖：白糖与糖稀按3：1的比例混合熬成质量分数为80%的浓糖液，然后均匀地拌在薯丝上面，趁热压模成型，自然冷却后包装。

13 马铃薯多味丸子

在饮食领域，丸子是一种深受人们喜欢的大众化食品，但多以肉丸子为主。以马铃薯为主体，根据营养与口感的互补原理制作的马铃薯丸子，或添加不同的蔬菜泥，制成五颜六色的系列薯丸，产品不但色泽美观，而且口感与营养俱佳、成本低廉，是一种很有开发潜力的大众化方便食品。

1）材料

马铃薯、各类蔬菜、天然调味品等。

2）设备

去皮机、打浆机、制丸机、真空包装机等。

3）工艺流程

马铃薯→去皮→制泥→配料→制丸→蒸熟→包装→杀菌→成品

马铃薯多味丸子工艺流程图

4）操作要点

（1）选料：选用新鲜马铃薯和各种蔬菜，如番茄、胡萝卜、白菜、黄花菜等。

（2）制泥：先将马铃薯去皮，再同所需原料切碎，各自打成泥浆状备用。

（3）配料：以马铃薯为主料配以各种蔬菜泥和调味品，搅拌均匀。

（4）制丸：在制丸机中将各种菜泥制成均匀的薯丸，其颗粒大小灵活掌握。

（5）蒸熟：将制好的丸子上蒸笼蒸熟，火候要掌握适当。

（6）包装：稍凉后，装入包装袋真空包装，但真空度不宜过高，否则容易相互粘连。

（7）成品：包装后须二次灭菌，冷却后即为成品。保质期为3个月。

14 马铃薯薯泥

随着人们生活节奏的加快，方便食品越来越受到消费者的青睐。但在满足人们方便快捷的同时，营养、健康、味美、天然也将是人们追求的目标，以马铃薯配以新鲜蔬菜制作而成的薯泥，不但风味独特，而且携带食用方便，是旅游、野餐等必备的理想食品。

马铃薯薯泥

1）材料

马铃薯、香菜、菠菜、天然香料、食盐、抗老化剂、植物油等。

2）设备

打浆机、去皮机、灌装机等。

3）工艺流程

马铃薯→蒸熟→打浆→调配→灌装→封口→杀菌→成品

马铃薯薯泥工艺流程图

4）操作要点

（1）选料：选用新鲜的马铃薯、香菜、菠菜，剔除发霉、变质部分，用清水漂洗干净。

（2）蒸熟：将原料按比例分别切碎，上笼蒸熟至软烂。

（3）打浆：在小型打浆机中将原料混合打浆。

（4）调配：将打成浆泥的原料，加入少量烧开后的植物油炒制，并加入天然香料、食盐和淀粉抗老化剂等。

（5）灭菌：趁热灌装封口，进行二次巴氏灭菌，即为成品。

15 马铃薯栲栳栳

栲栳栳为食界一绝，传统方法为手工制作，其原料为北方莜面，经手艺高超的加工者手工推卷成面筒，整齐地排在笼上，它薄如纸，柔如绸，食之筋。在传统工艺制作的基础上揉合马铃薯粉，并用加工机械制作成的栲栳栳，不但口感更趋完美，而且保质期长，食用方便。相信这一地方特色食品会尽快走向全国市场。

1）材料

马铃薯全粉、莜麦粉、羊肉、食用油等。

2）设备

和面机、压片机、包装机等。

和面机

3）工艺流程

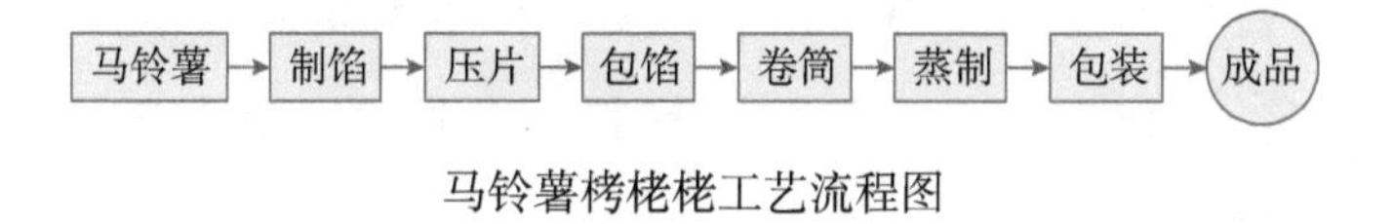

马铃薯栲栳栳工艺流程图

4）操作要点

（1）和面：将马铃薯全粉和莜麦粉按比例加入适量沸水，在和面机中迅速搅拌，调制成软硬适度的面团。

（2）制馅：精选无脂羊肉，在绞肉机中绞成肉泥，再加入适量的葱、姜、蒜、盐、五香粉等调料，在锅中微炒。

（3）压片：在滚压式压片机中，趁热将面团压成薄片，再切成长方形片状。

（4）包馅：在片上均匀涂上羊肉馅，然后一边折起，卷成圆筒状。

（5）蒸制：把卷成筒状的栲栳，竖立放在蒸笼中蒸20min左右。

（6）包装：蒸熟后趁热装入保鲜盒内，封口要严，常温下保质期为1周，冷藏可达2月之久。

16　冷冻调理土豆牛肉串

近年来，随着人们生活水平不断的提高，对肉制品的品种、色泽、质构、营养和适口性等要求也越来越高，而且，希望肉制品在具备上述特点的同时，还能起到营养保健作用。选用新鲜马铃薯添加于肉产品中，可提高产品技术含量，提高肉制品的营养价值，充分提高马铃薯的利用率。

1）材料

新鲜牛肉、新鲜马铃薯、辣椒粉、花椒粉、辣椒油、精盐、味精、白糖、老抽酱油、磷酸盐及淀粉等，均应符合国家质量和卫生标准。

表 4　腌制液配方（以牛肉 25kg 为例）

品种	重量/g	品种	重量/g	品种	重量/g
精盐	2	变性淀粉	1.5	三聚磷酸盐	1.5
卡拉胶（注射型）	0.3	味精	1.5	异Vc-Na	0.2
白糖	1	红曲粉	0.01	酱油	3
姜粉	1.5	料酒	1.5	辣椒粉	1
辣椒油	1.5	冷水	10	花椒粉	1

（赵永敢 . 冷冻调理土豆牛肉串加工工艺 . 肉类工业，2011(11)：6—7）

2）设备

真空滚揉机、注射机、速冻间、真空包装机。

真空滚揉机

3）工艺流程

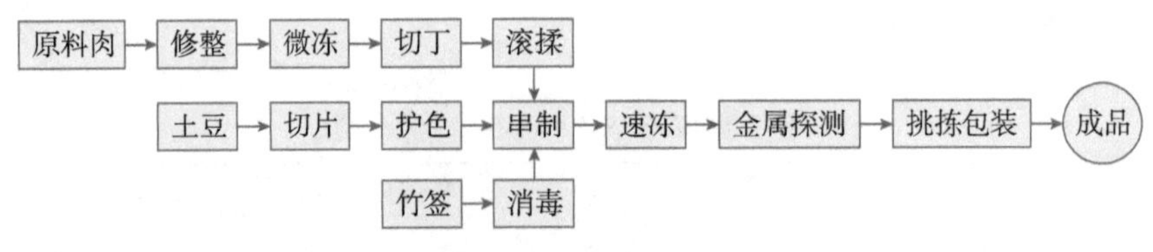

冷冻调理土豆牛肉串工艺流程图

4）操作要点

（1）原料肉选择

选择来自非疫区的卫生检验合格的新鲜牛肉作为原料肉，刚屠宰的牛肉要求先预冷为10℃以下的冷却肉，备用。

（2）原料肉修整

剔除筋膜、腱、软骨、淋巴、淤血、污物等，切成1kg左右的肉块，用清水冲洗肉表面血污，沥干水分后，备用。

（3）注射

将磷酸盐用温水溶解，加入规定量的水中，然后将白糖、食盐、味精、卡拉胶辅料加入其中，搅拌使之溶解均匀，做成注射剂。采用高压盐水多针孔注射机将可溶性腌料均匀注入牛肉原料中。要求注射压力达0.2~0.5MPa；根据注射效果可进行二次注射；多余的注射剂收集，备滚揉时用。

（4）微冻、切丁

把注射好的肉，放到盘里，推到-30℃的速冻间内，存放5min左右，牛肉块表层冻结，利于切丁，减少下脚料量，然后把牛肉块送到切丁机上，切成约1.5cm×1.5cm×1.5cm肉丁，也可以人工切丁。

（5）真空滚揉

把剩余的注射剂、辅料与原料肉，装入滚揉机滚揉。滚揉参数设定为：滚揉30min，间歇10min，转速12r/min，总时间4h，真空度-0.08MPa。滚揉初始温度控制在7℃以下，滚揉期间温度控制在0~4℃。注意滚揉期间防止过度摔打以免影响其保水性。

（6）马铃薯处理选择

选择新鲜的马铃薯，削去皮，切成约1.5cm×1.5cm×0.5cm薄片，马铃薯处理的时候注意防止马铃薯褐变的发生，削去皮的马铃薯和马铃薯片要及时放到水里，然后把切好的马铃薯片放在95℃左右的热水中烫漂灭酶1~2min，捞出放在冷水里冷却、备用。注意不要烫漂时间太长，以防软烂不能再串串。

（7）竹签处理

选择干净、无霉、无折断、长度18cm、直径0.5cm的竹签。然后放入沸腾的水中，进行煮制、消毒10min左右，捞出冷却，备用。

（8）串制

手工串制，要求每根竹签串6块肉丁，5片马铃薯，马铃薯片夹在肉块中间，串肉部分不露竹签和竹签尖，无碎渣残留。整个肉串看起来红白相间，非常美观。

（9）速冻

把串制好的肉串，整齐摆放在塑料盘中，放在速冻架车上，推到–30℃的速冻间内或速冻隧道中速冻20min左右，至拿起两肉串相碰时，有清脆的响声，速冻结束。

（10）包装

金属探测、包装、入库。把速冻好的肉串从速冻间内运出来，逐盘过金属探测机后，迅速装入真空包装袋，进行真空包装，真空度达到–0.1MPa。贴标签、打日期、包装整件入–18℃以下冷库，产品垒放时不能超过5层，注意整个过程要迅速，以免产品解冻。

5）质量指标

（1）感官指标

红白相间，色泽酱红，块形整齐，大小均匀，无肉眼可见外来杂质，无异味。熟制(油炸或烧烤) 后，色泽亮丽，美味宜人。

（2）理化指标

食盐（以NaCl计）≤6%，复合磷酸盐（以PO_4^{3-}计）≤5g/kg，其他食品添加剂符合国家标准。

（3）微生物指标

细菌总数≤1×10^5/g，大肠菌群≤1×10^4/100g，致病菌不得检出。

17 橘香土豆条

1）材料

土豆、面粉、白砂糖、柑橘皮、奶粉、发酵粉、植物油。

2）工艺流程

选料→制泥→制柑橘皮粉→拌料→定型→炸制→风干→包装→成品

橘香土豆条工艺流程图

3）操作要点

（1）原料配方：土豆100kg、面粉11kg、白砂糖5kg、柑橘皮4kg、奶粉1~2kg，发酵粉0.4~0.5kg，植物油适量。

（2）制土豆泥：选无芽、无霉烂、无病虫害的新鲜土豆，浸泡1h后用清水洗净表面，置于蒸锅内蒸熟，取出去皮，粉碎成泥状。

（3）制柑橘皮粉：洗净柑橘皮，用清水煮沸5min，倒入石灰水中浸泡2~3h，用清水反复冲净，切成小粒，放入5%~10%盐水中浸泡1~3h，用清水漂去盐分，晾干，碾成粉状。

（4）拌料：按配方将各种原料放入和面机，搅匀，静置5~8min。

（5）定型、炸制：将适量植物油加热，待油温升至150℃，将拌匀的土豆泥混合料通过压条机压入油中。当泡沫消失，土豆条呈金黄色时捞出。

（6）风干、包装：将土豆条放在网筛上，置干燥通风处冷却至室温，经密封包装即为成品。

18 土豆泥软罐头

1）材料

土豆泥料、色拉油、大葱、精盐、花椒粉、味素、水。

2）工艺流程

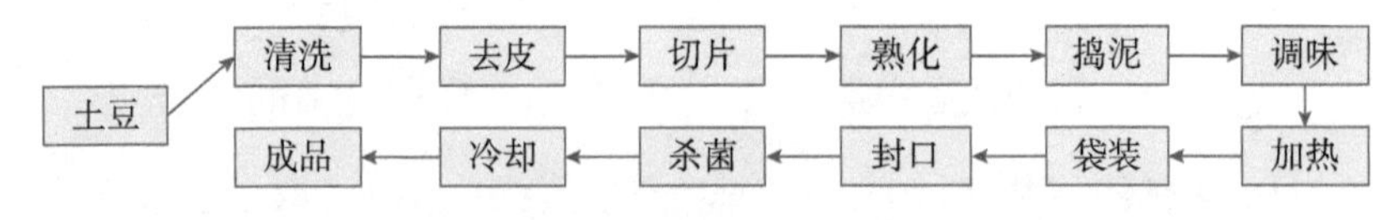

土豆泥软罐头工艺流程图

3）操作要点

（1）选无腐烂、无伤损土豆洗净，去皮，并投入1.2%食盐水中，防止变褐。

（2）在锅中，将土豆煮或蒸熟捞出，捣制成泥酱状。

（3）调味、加热蒸煮：

①配方：土豆泥料25kg，色拉油0.63kg，大葱0.5kg，精盐0.18kg，花椒粉50g，味素25g，清水6.25kg。

②在锅中将其加热，放入葱花稍炒，加入土豆泥料，再加入其他调味料和清水。加热熬至含干物质60%（熬约30 min后）可出锅。加热应掌握注意铲拌，防止糊锅。

（4）加热并熬成的土豆泥装蒸煮袋，装量每袋净重350g或400g，并用真空封口机封口，控制真空度在0.059 MPa。

（5）杀菌、冷却：可用小型杀菌锅，一次可杀菌50~100袋。杀菌结束后，徐徐打开锅，将袋放入水中冷却至40℃左右，拆袋即出成品，可入库并销售。

19　土豆脯

土豆脯是蜜饯型食品，制作设备简单，原料易得，操作方便，适于家庭作坊生产。

1）材料

土豆、石灰水、糖。

2）工艺流程

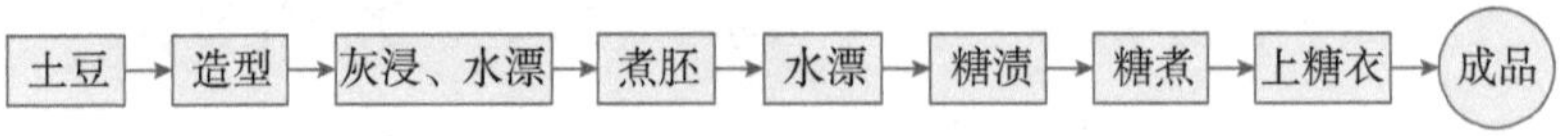

土豆→造型→灰浸、水漂→煮胚→水漂→糖渍→糖煮→上糖衣→成品

土豆脯工艺流程图

3）操作要点

（1）选料：选用个大均匀，薯块饱满，外表光滑的无绿斑的土豆。

（2）造型制胚：洗净土豆块表面泥土，去皮，冲净，制胚可根据美观需要制成各种形状。

（3）灰浸、水漂：将胚置入容器，倒入淡石灰水浸泡16h取出，投入清水漂洗4 次，每次2h，洗去多余的石灰残液。本工序可增强果肉紧密度和半成品耐煮性。

（4）煮胚、水漂：将胚放入沸水煮20min，投入清水漂洗2次，每次2h；然后再转入沸水中煮10min，投入清水冲洗1h。

（5）糖渍：将胚置入蜜缸，注入浓糖液，以胚能在其中翻动为宜。4h后上下翻动一次，浸渍16h。

（6）糖煮：需煮2次。第一次将胚与糖液舀入锅内，煮沸10min，使糖液温度达104℃，蜜制6h；第2次煮沸30min，使糖液温度达108℃，蜜制为半成品。

（7）上糖衣：将糖与胚舀入锅中煮30min，使糖液温度达112℃，起锅滤干，晾至60℃，即可上糖衣。以糖胚粘满糖为宜。

（8）成品：上好糖衣的糖胚干制，即为成品。

20 马铃薯果酱

1）材料

马铃薯4kg、砂糖4kg、柠檬酸10g、胭脂红色素和食用香精少量、苯甲酸钠2~3g。

2）操作要点

将马铃薯洗净、蒸熟、剥皮，摊开晾凉后用打浆机打成泥状。将砂糖倒入夹层锅内，加适量水煮至溶化，倒入马铃薯泥搅拌使二者混匀，继续加热并不停搅拌以防糊锅。当浆液温度达107~110℃时，以柠檬酸液调整pH为3~3.5，加入少量稀释的胭脂红色素，出锅冷却。酱体降至90℃时加入适量的山楂香精，继续搅拌。为延长保存期，可加入酱重0.1%的苯甲酸钠，趁热装入已消毒的瓶中，将盖旋紧。装瓶时温度超过85℃可不灭菌，酱温低于85℃时，封盖，放入沸水中杀菌10~15min，冷却即可。

21 土豆冰淇淋

土豆冰淇淋因为采用了土豆原料，因此具有土豆芳香味，而且还有土豆颗粒的口感，产品具有冰淇淋的色、香、味，是一种新型的保健冰淇淋。

1）材料

新鲜土豆、白砂糖、赤藓糖醇、牛奶、食用香精、鸡蛋、柠檬酸、抗坏血酸、复合乳化稳定剂。

2）设备

打浆机、榨汁机、过滤机、天平、磅秤、高压均质机、冰淇淋凝冻机、速冻盐水槽。

3）工艺流程

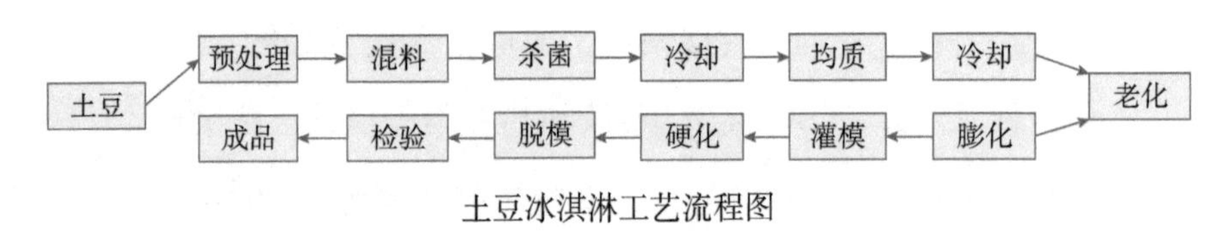

土豆冰淇淋工艺流程图

4）操作要点

（1）土豆泥的制备：选择个大均匀的优质马铃薯，无青皮和虫害。生马铃薯去皮后易发生褐变，放入质量分数为3%的柠檬酸和0.2%抗坏血酸溶液中，然后把土豆切块，放入锅内加入水和牛奶上火煮熟，将余汤汁倒出，把土豆制成泥状，不能有疙瘩。如果太黏，可适当加入牛奶或开水调节。生土豆去皮后把土豆放入质量分数为3%的柠檬酸和0.2%抗坏血酸溶液中，因为去皮后马铃薯易发生褐变，影响土豆泥的颜色，会对冰淇淋色泽带来不利影响。

（2）混料：混合蛋黄和砂糖，并搅拌至颜色变白为止。之后将牛奶加热并加入蛋黄和砂糖混合液里，弱火熬制，同时进行搅拌，直至发稠时为止。

把土豆泥和稳定剂混合添加进上述的处理液里进行混合。

土豆淀粉是制造冰淇淋的原料，蔗糖是常用的甜味剂，糖对淀粉的黏度很重要，蔗糖分子的10多个羟基极易溶于水，糖溶于淀粉乳中，相对减少了膨胀糊化淀粉颗粒的水分，使淀粉犹如在较少水中，颗粒膨胀困难，糊化温度升高，黏度增加。随着蔗糖用量的增加，对淀粉颗粒的膨胀和糊化的抑制作用增强且黏度大大提高。因此，制土豆冰淇淋应减少糖的用量，用其他甜味剂如赤藓糖醇代替蔗糖。

将粉末状赤藓糖醇与其他组分干粉掺在一起混合均匀，在搅拌下加到水中至粉末状产品完全溶解。

经过处理的粉末状产品可直接加到冷水中搅拌。为加快溶解，在搅拌下加入少量的碱调节pH值8~9后，产品可迅速溶解，形成均一溶液。砂糖与赤藓糖醇的比例在3∶1时，冰淇淋清凉感增加，风味普遍改善，口感和品质最好。

（3）杀菌：采用巴氏杀菌方法，杀菌条件为78℃，15~30min。冷却后加入仙人掌原汁。

（4）均质：均质可使混合料的脂肪球微粒化，一般可达1~2μm，成为乳化状态，同时，脂肪以外的成分也呈现出分散状态。在60~70℃的温度下进行均质，一级均质压力为15~17MPa，二级均质压力为2~4MPa。

（5）膨化：一般情况下，将杯装冰淇淋膨胀率定为100%，将灌模冰淇淋膨胀率定为60%~80%，根据灌模情形而定。

（6）硬化：硬化可使产品形成固定的组织形态，同时完成在冰制品中形成极细小冰结晶的过程，使组织结构保持适当的硬度，保证产品质量。

（7）填充包装：将冰淇淋用杯子或塑料袋包装，待检验合格后，装箱和入库保存，便于运输销售。

22 马铃薯粉丝加工技术

马铃薯粉丝是马铃薯及马铃薯淀粉综合加工利用途径之一。马铃薯淀粉中支链淀粉含量约占淀粉总量的80%左右，直链淀粉含量相对较低；而且普通马铃薯淀粉颗粒大、不均匀，形成淀粉胶体强度较低。现根据马铃薯淀粉的特点，加入部分豆类淀粉和适量的添加剂，利用现代自熟式粉丝机，结合实践经验，可以生产出优良的新型马铃薯粉丝产品。

1）材料

马铃薯淀粉、豆类淀粉、明矾、食用油、食盐。

2）工艺流程

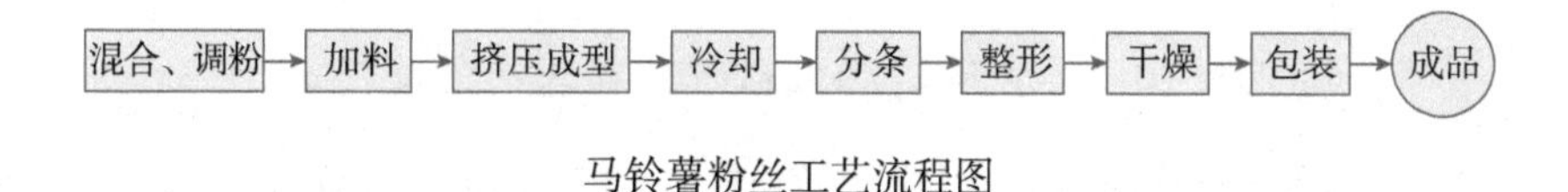

马铃薯粉丝工艺流程图

3）操作要点

（1）原辅料：生产马铃薯粉丝的主要原料为精制马铃薯淀粉，要求其含杂少、外观洁白、颗粒均匀细腻。马铃薯粉丝较传统生产的粉条更细，要求粉丝具有韧性好、弹性高、半透明，煮时不易断裂、不浑汤等特点。而马铃薯直链淀粉含量较低，还需要加入0.5%~1.0%的明矾和约20%的豆类淀粉使淀粉黏度增加，以提高淀粉颗粒内部的电斥力和膨胀作用，改善马铃薯淀粉的生产性质，才能生产出直径细、弹性高的优良马铃薯粉丝。在生产中，豆类淀粉也可以用高直链的玉米淀粉等代替。为了后期便于挤压成型和整形，可加入少量的食用油和食盐等配料。

（2）混合、调粉：将原料在搅拌混合机内混合均匀，转入固定容器内进行加水调粉。调粉时，淀粉糊含水量的多少将直接影响马铃薯粉丝成品的质量，其含水量大约在35%~40%为宜。含水量过低，粉丝机进料困难，生产出的粉丝透明度欠佳、表面粗糙、容易断条，质量较差；水量过高时，挤压出的粉丝粗细不均匀，并且造成后工序的分条、整形操作困难，同时降低自熟式粉丝机的能源利用率，生产效率相应降低。生产实践中含水量以调粉时能手捏成团、在粉丝机运转振动时能自行缓慢流动为宜，需在长期生产实践中逐渐总结。

（3）加料：将调好的淀粉加入自熟式粉丝机料斗内，打开进料阀，逐渐调整进料量，使挤出成型的马铃薯粉丝能够完全糊化。粉丝的粗细程度可通过调换不同孔径的模板来进行调节。自熟式粉丝机采用在振动下自流式进料，其进料量多少由阀门控制。所以进料量的大小直接与粉丝质量相关，进料量过大，导致淀粉不能完全糊化，成型粉丝中有夹生现象，透明度降低，且易折断；而进料量过小，生产效率相对降低。其进料量大小应根据生产实践经验加以控制。

（4）冷却、分条、整条：刚挤压出的粉丝具有较高的温度，表面湿润，容易黏结，需要及时冷却，以降低粉丝温度和表面的水分含量；便于分条和整形，必要时需切断。也可以采用折叠器折叠成型，但中间需要采用强风冷却，以保证粉丝间不粘条。

（5）干燥：分条、整形后的粉丝仍需进一步干燥，然后定量包装形成产品。粉丝可在干燥室内进行干燥，先用冷风干燥至粉丝表面发干、发硬，含水量降低到一定程度；再采用热风干燥，要防止因干燥时干燥速度过快而使粉丝表面水分迅速挥发，形成一层干硬外壳，虽水分梯度较大，但干燥速度和干燥效果并不理想，而且粉丝透明度降低，容易断条等。干燥至含水量15%以下时，再冷却一段时间，使粉丝内外含水量逐渐平衡，表面回软，确保在定量包装时，断条程度降低。

（6）包装：将冷却回软后的粉丝定量装入具有一定固定形状的内包装，并赋以商品化外包装即为成品。

23 精制马铃薯淀粉的加工技术

马铃薯淀粉是以马铃薯为主要原料，经过洗薯、磨碎、分离、洗涤等工艺加工而成的马铃薯制品。它是一种优质淀粉，拥有一系列食品及工业应用所需的特性，如具有高黏性，并由于直链淀粉的高聚合度和含有天然磷酸基团而很少出现凝胶和退化现象，口味特别温和，基本无刺激，对味道清新的清水水果罐头、香草布丁之类的食物毫无掩饰作用，因而在食品加工及工业生产领域得到广泛的应用。

1）工艺流程

马铃薯 → 清洗 → 磨碎 → 筛分 → 分离 → 洗涤 → 脱水 → 干燥 → 分离 → 成品

精制马铃薯淀粉工艺流程图

2）操作要点

（1）原料选择：选择皮肉色浅、皮光而薄、芽眼不深且少、糖和蛋白质含量少的马铃薯。将马铃薯用带有搅拌翻动装置的洗涤机洗去泥沙和杂质。用锤片式粉碎机将马铃薯破碎，并过1/6~1/4英寸[①]的筛。为了获得精白淀粉，可在工序中加入二氧化硫以抑制氧化酶的活性。

① 1英寸（in）=25.4毫米（mm）

（2）过滤、洗涤：先使淀粉浆料通过80~120目的筛除去大量粗纤维，再用120~150目的筛除去细纤维渣，剩下的淀粉乳用清水稀释洗去可溶性成分后，在一个连续式的离心分离机中浓缩。洗出的淀粉乳中还要加入二氧化硫。

（3）脱水：纯净的淀粉乳先用真空过滤机脱水浓缩至干物质浓度为60%~65%。再用闪蒸式干燥机干燥，得到的干淀粉用80~90目的振动筛除去大颗粒和凝结物，经包装即可得到马铃薯淀粉。

24　马铃薯淀粉的深加工技术

1）酸改性淀粉的加工技术

以马铃薯淀粉为主要原料生产的酸改性淀粉，在食品工业上可用于糖原的制造，主要是生产胶冻软糖或胶姆糖，使其质地紧凑、外形柔软、富有弹性；在造纸工业上作为纸浆的施胶剂，在特种纸的生产中，改善纸张的耐磨性，提高印刷性能；在纺织工业上作为棉织品及棉–合成纤维混纺制品的上浆剂，提高纺织品的光洁度和耐磨性。其加工方法简单，工艺容易掌握：用8%的盐酸在30℃下处理马铃薯淀粉7d或是用15% 的硫酸在40℃的温度下处理马铃薯淀粉7d。

2）低黏度淀粉的加工技术

低黏度淀粉因其黏度较低而能更好地渗透到纺织品中，不过多地滞结在织物的表面，且价格便宜，因此在纺织工业上具有广泛的用途。其加工过程为：将温马铃薯淀粉（粗制品）用水搅拌调制成淀粉乳，再按0.5%的比例缓慢地加入硝酸、硫酸混合液，连续搅拌6~24h后，静置一段时间，除去上清液，经过洗涤、干燥即可得成品。

25　马铃薯膨化食品的加工技术

马铃薯全粉膨化食品是以马铃薯全粉为主要原料，经过挤压膨化等工艺加工而成的系列食品。膨化后的马铃薯食品除水溶性物质增加外，部分淀粉转化为糊精和糖，改善了产品的口感和风味，提高了人体对食物的消化吸收率，在其理化性质上有较高的稳定性。马铃薯膨化产品具有食用快捷方便、营养素损失少、消化吸收率高、安全卫生等特点，是粗粮细作的一种重要途径。根据加工过程的不同，可以生产出直接膨化食品（如马铃薯酥、旺仔小馒头等）和膨化再制食品（即将马铃薯全粉膨化粉碎，并配以各种辅料而得的各种羹类、糊类制品）。

1）材料

马铃薯全粉、面粉、大豆、芝麻、花生、砂糖、食盐、水。

2）工艺流程

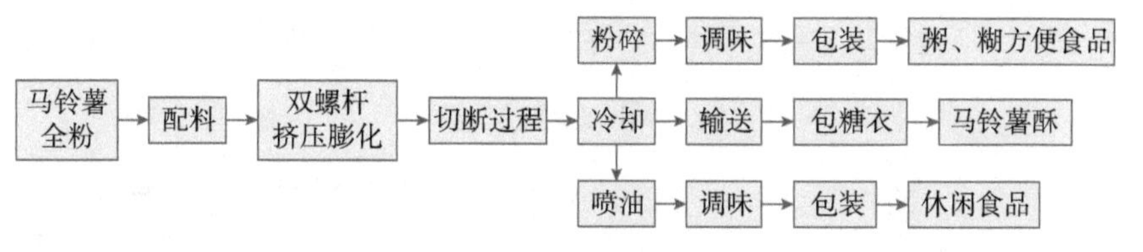

马铃薯膨化食品工艺流程图

3）操作要点

（1）配料：面粉20%、大豆10%、芝麻5%、花生5%、砂糖3%、食盐2%，含水量15%~18%。

（2）开机前，要先对膨化机进行清洗，安装模具后，预热升温，一区温度100℃，二区温度140℃，三区温度170℃；开机工作时，首先开启油泵电机，启动后先将转速调整为400r/min，开始喂料，进料速度逐渐增加，待正常出料后，开启旋切机，调整旋切速度直至切出所需形状的产品。

三、日常餐桌上的马铃薯佳肴

马铃薯，在外国既可与米面混合作为主食吃，又可烹调成各种菜肴，据统计可以做100多种菜肴。法国一些烹饪学校的学生在毕业之前，必须学会用马铃薯制作10 种不同的菜肴。荷兰人将马铃薯、胡萝卜、洋葱头制成的菜肴，定为“国菜”，每年10月3日，全国上下都要品尝。而爱尔兰人更是认为世界上只有“婚姻和马铃薯至高无上”。在我国，马铃薯适于多种烹饪加工和调味，可单用，也可以作配料，可荤可素，可咸可甜。如土豆烧牛肉、土豆炒洋葱、咖喱土豆、拔丝土豆，素炒土豆丝、红烧土豆等。若将马铃薯蒸熟后捣成泥状，掺入适量面粉，制成糕点、烙饼，也别有风味。现举数例，以飨读者。

1　清蒸马铃薯

蒸马铃薯是最理想的烹调方式，对营养影响很小，还能保留天然清香。研究显示，马铃薯在蒸熟后维生素C损失极少，保留率在80%以上，而碳水化合物、矿物质、膳食纤维都没有什么损失，还会使其中的淀粉颗粒充分糊化，使它在体内更容易被消化分解，不会给胃肠带来负担。

1）材料

马铃薯、香葱、花椒、芝麻油、盐。

2）步骤

（1）马铃薯切成薄片放到清水中浸泡10min后，放少量盐腌制15min，沥出水放入盘内。

（2）马铃薯片撒上香葱末和几粒花椒，上笼大火蒸10~15min出笼。

（3）趁热浇上几滴芝麻油，稍拌即可食用。如果马铃薯体积大还可以配少量生抽佐食。

2 土豆泥

土豆蒸熟后压成泥，口感酥软，更适合老人和孩子。经过合理搭配，还能作为需要控制体重、血糖、血压等人群的食疗菜。尤其是酸奶坚果土豆泥，不但味道好，而且添加酸奶和坚果后又补充了蛋白质和矿物质，营养更加丰富，是不错的加餐美食。坚果选择核桃、腰果、花生均可。

土豆泥

1）材料

土豆、黄油、火腿、黑胡椒粉、食盐。

2）步骤

（1）土豆洗净，表面划十字花刀放进锅里煮熟，放凉后去皮。

（2）土豆放进保鲜袋里，压烂成为土豆泥备用。

（3）将火腿切碎，烧热平底锅，放进一块黄油，黄油融化后倒入火腿丁煸炒。

（4）把炒熟的火腿碎倒入土豆泥中，加入食盐和黑胡椒粉即可食用。如果有需要也可以加入其他食材。

3 炒土豆片

土豆切成薄片烹调，会使其中的营养流失一部分。但是一般炒土豆片烹制时间较短，能在一定程度上弥补其不足。

1）材料

土豆、蒜、生抽、盐、植物油。

2）步骤

（1）土豆去皮切片，在清水中浸泡。

（2）将蒜剁成蒜蓉，热锅后放入蒜蓉爆香。

（3）土豆片放入锅中炒至变色。

（4）放入生抽和盐，翻炒上色后起锅装盘即可食用。

4 双椒土豆丝

1）材料

土豆（2个）、尖椒、花椒、葱、蒜、芝麻油、醋（1匙）、盐。

2）步骤

（1）土豆去皮后切片，轻轻按划匀后切丝，注意保护手指。

（2）土豆丝加入清水中浸泡，重复浸泡两次至水清澈透明，捞出后沥水备用。

（3）蒜剁成蒜蓉，尖椒及葱切丝。

（4）热锅加入花椒爆香后，捞出花椒，加入葱丝和蒜蓉炒出香味。

（5）加入尖椒丝，略微翻炒后拨至一旁加入土豆丝，迅速划炒至土豆丝变色。

（6）加入一匙白醋后，加盐继续翻炒，至全熟后关火装盘。

5 俄式烤杂拌

烤杂拌是一道俄罗斯名菜，制作简单，口感浓香丰富。学会这道菜，让你足不出户就能复制西餐厅的美味！

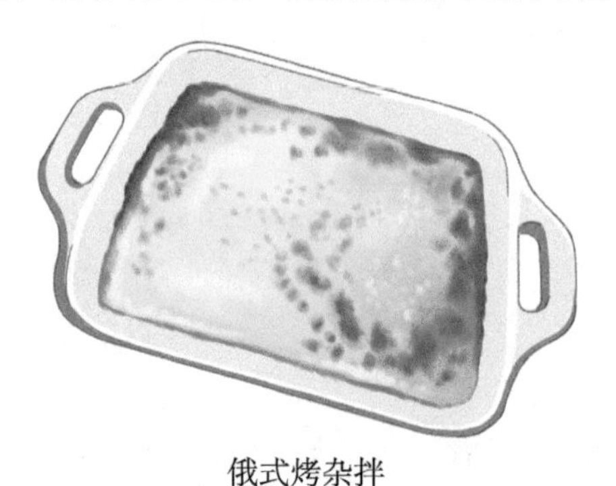

俄式烤杂拌

1）材料

土豆（2个）、洋葱、煮鸡蛋（1个）、火腿、茶肠、培根、西兰花、淡奶油、面粉、黑胡椒粉、黄油、盐、马苏里拉芝士、牛奶（200mL）。

2）步骤

（1）土豆去皮蒸熟，放在保鲜袋里压成土豆泥。

（2）土豆泥加入牛奶、淡奶油、盐、黑胡椒粉搅拌。

（3）黄油炒香面粉，将炒面粉加入土豆泥中，搅拌至浓稠糊状。

（4）将蔬菜切小块后焯熟，火腿培根切小片，煮鸡蛋压碎后一同混入土豆泥糊中。

（5）加50g淡奶油将土豆泥调稀，装入烤盘，上面撒上切丝的马苏里拉芝士，放入烤箱上下火220℃烤制20min即可。

6 马铃薯火腿蛋

马铃薯火腿蛋是一道简单美味，营养丰富的餐点，适于在早餐时享用。

马铃薯火腿蛋

1）材料

马铃薯、火腿、鸡蛋、黑胡椒粉、盐、植物油。

2）步骤

（1）将马铃薯去皮切丝，与火腿切成的细丝拌匀。

（2）平底锅内倒油，将马铃薯丝和火腿丝倒入翻炒。

（3）马铃薯丝变色后，在锅中打入鸡蛋，小火煎5min左右。

（4）将马铃薯丝和鸡蛋煎至金黄后，关火，盖上锅盖焖1min，撒上黑胡椒粉和盐，即可食用。

7 土豆焖饭

土豆焖饭是一道云南的民间主食，也可以加入青豆、腊肠等食材，色彩丰富，利于消化。

土豆焖饭

1）材料

土豆、大米、腊肠、青豆、酱油、盐。

2）步骤

（1）大米洗净，土豆去皮洗净切1cm见方的小丁，腊肠切丁。

（2）上述准备好的材料和青豆一同放入电饭煲，加水没过米1cm，加入半勺酱油，适量盐。

（3）将米饭焖熟即可食用。

8 烤马铃薯

烤马铃薯深受德国和俄罗斯人喜爱。由于其味美、方便、经济，在街上熙来攘往的人群中，经常可以看到有烤马铃薯在小摊上贩卖。因其做法简单，也非常适合家庭烹饪。

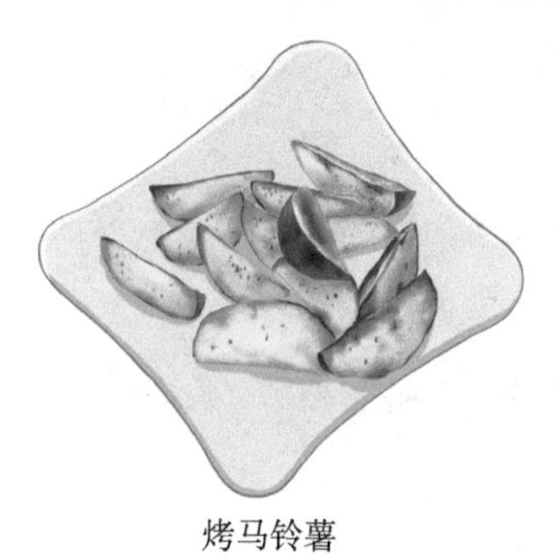

烤马铃薯

1）材料

马铃薯、锡箔纸、黄油、黑胡椒、盐。

2）步骤

（1）将生马铃薯洗净擦干，煮至半熟。

（2）将马铃薯切块，抹上黄油、黑胡椒、适量盐，放入200℃的烤箱中，烘烤20min。

（3）马铃薯烤好后，在热气腾腾的土豆上面撒上肉碎即可。

9 番茄土豆浓汤

番茄和土豆都是很常见的蔬菜，这道菜简便易做、味道鲜美，而且能补充大量维生素C。

1）材料

土豆、番茄、食用油、盐。

2）步骤

（1）番茄洗净，顶部切十字刀，焯水后去皮切小块。

（2）土豆切滚刀块。

（3）热锅后加入番茄翻炒，番茄炒软出汁后放入土豆，加热水。

（4）大火烧至沸腾后，转小火煲20min，加少许盐即

可食用。

10 拔丝土豆

拔丝土豆

1）材料

土豆、白糖、食用油。

2）步骤

（1）将土豆洗净，削皮切成小块。

（2）热锅后把土豆块倒进锅中小火煎，等土豆表面变金黄时大火煎。

（3）大火煎熟土豆捞出锅，把油倒碗里下次备用。

（4）把白糖放入锅中，小火用铲子搅拌白糖至白糖成液体状。

（5）关火把土豆块倒进锅里，搅拌至土豆表面都沾上糖浆即可。

11　土豆饼

土豆饼是一款适合早餐食用的菜品，早餐吃土豆能及时给体内补充所需的钾元素，而且饱腹感更强，还可以平衡人体内的酸碱值。

1）材料

土豆、面粉、孜然、盐、油。

2）步骤

（1）土豆去皮切丝放入水中，加入孜然和少许盐。

（2）将面粉倒入水中，拌成均匀糊状。

（3）锅内加一小勺油，摊入适量的面糊晃匀，中火加热3min。

（4）翻转一面，继续加热3min。等土豆饼金黄熟透即可。

12　土豆焖面

1）材料

土豆、火腿、青豆、面条、油、盐。

2）步骤

（1）土豆、火腿切丁。

（2）先把面条在水里煮5成熟捞出备用（很明显的看

到面条里面是纯白色的硬心）。

（3）热锅热油，放入土豆炒至表皮焦黄。

（4）倒入火腿和青豆翻炒均匀。

（5）在锅中倒入小碗清水或者煮面的面汤均可，然后放入面条并加盐、鸡精、生抽盖上锅盖焖至剩一点水。

（6）只剩下一点水时，用筷子搅拌面条，使其与调味料和土豆混合均匀,要一直搅拌直到水全部蒸发,起锅即可。

13 全蔬咖喱土豆

全蔬咖喱土豆

1）材料

土豆、胡萝卜、洋葱、食用油、咖喱块。

2）步骤

（1）蔬菜洗净去皮，土豆、洋葱和胡萝卜切丁，土豆丁过水去淀粉。

（2）热锅后炒香洋葱，下胡萝卜丁翻炒。

（3）土豆沥干水分，倒入锅中一同翻炒。

（4）加温水没过土豆，大火烧沸后转中火煮10min。

（5）加入咖喱块，不停翻炒直至汤汁黏稠，装盘配米饭即可食用。

14 肉末土豆

肉末土豆

1）材料

土豆、肉末、豆瓣酱、淀粉、酱油、油、盐、胡椒、味精。

2）步骤

（1）肉末加入淀粉、酱油、少许盐和油，搅拌均匀。

（2）土豆切块泡水去淀粉。

（3）土豆倒入油锅煎炸。

（4）锅中留少许油，倒入肉末煸炒。肉末变色后倒入土豆块，加一碗半水后加一汤匙豆瓣酱，加胡椒、味精，收汁即可。

15 美式炸薯条

美式炸薯条

1）材料

马铃薯、牛奶、番茄酱、油、盐。

2）步骤

（1）马铃薯洗净，去皮，切成方形长条，放水里洗去淀粉。

（2）锅里烧水，水开后放入马铃薯条煮2~3min，捞出沥干水分。

（3）晾凉马铃薯条，放入小盆里，加入牛奶没过土豆，盖上保鲜膜放冰箱冷藏3h以上。

（4）捞出泡过牛奶的马铃薯条，沥干水分，放入冰箱冷冻3h以上。

（5）锅里放油，油里稍加一点盐，油温7成热放入马铃薯条炸至微黄捞出，待马铃薯条稍凉再复炸一次，炸至呈金黄色即可。

（6）撒上盐或配上番茄酱即可食用。

16　香煎小土豆

其貌不扬的小土豆也富含丰富的营养物质，煎熟后即是一道美味的佳肴。

香煎小土豆

1）材料

小土豆、香葱、油、盐。

2）步骤

（1）小土豆洗干净去皮，在清水里煮到熟软，再从锅里取出，用刀背一个个压扁。

（2）平底锅里均匀地铺上薄薄的一层油，用中火把压扁的小土豆两面煎至焦黄。

（3）小土豆泛起金黄色后，就可以撒入盐与葱花，闻到葱油香气后，即可将它们盛起放入盘中。

17 日式可乐饼

日本人人都爱的美食“可乐饼”，虽然和章鱼烧面丸一样受欢迎，但是却与章鱼烧面丸有一个很大的区别。可乐饼并不是日本的传统食物，而是西方的舶来品。它的名字取自法语中的“croquette”，是在16世纪西餐开始传入日本时，逐渐开始被日本人民接受，然后备受钟爱的美食。

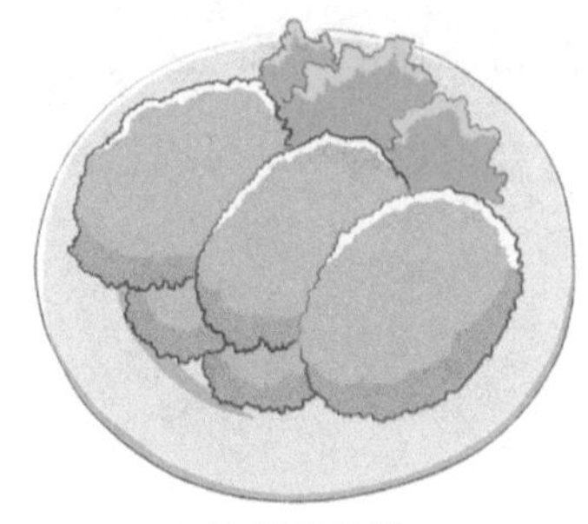

日式可乐饼

1）材料

土豆、洋葱、肉末、油、盐、黑胡椒粉、玉米淀粉、鸡蛋、面包糠。

2）步骤

（1）土豆洗净去皮蒸熟。

（2）将蒸好的土豆取出放凉，放置室内风干约2h再捣成泥。

（3）将洋葱切碎。

（4）热锅后倒入洋葱碎炒香，炒软后倒入肉末，继续翻炒，肉末变色后加入少许的盐，加入黑胡椒粉调味，拌匀后关火。

（5）将炒好的馅料倒入土豆泥中拌匀，馅料与土豆泥的比例为1∶1。

（6）将混合好的土豆泥分成若干份，用手搓成圆饼状，然后再依次裹上淀粉、蛋液、面包糠。

（7）下锅炸成金黄色即可，可以搭配喜爱的酱汁佐食。

18　风琴土豆

1）材料

土豆、培根、孜然粉、盐、橄榄油。

2）步骤

（1）土豆洗净切成厚0.5cm的片，底部不要切断。

（2）用锡纸将土豆包好放进烤箱，250℃上下火烤制25~30min。

（3）培根用孜然粉、盐、橄榄油拌匀腌10min。

（4）土豆烤好后剥去锡纸，把腌制好的培根切成合适的大小，夹入每片土豆里。再撒上一层孜然粉和盐，刷一层橄榄油，再在表面撒上孜然。

（5）重新放回烤箱，不包锡纸，200℃烤制15min左右即可。

19　牧羊人派

牧羊人派有时候也被称作农舍派（cottage pie）。它一般是用羊肉或者牛肉做馅，上面铺上马铃薯泥烤制而成，是一道既可以当菜又可以当饭的传统英式菜。

牧羊人派

1）材料

马铃薯、洋葱、大蒜、猪肉末、番茄酱、红酒、黄油、牛奶、黑胡椒粉、糖、油、盐。

2）步骤

（1）番茄顶部切十字，水焯去皮，切小丁；洋葱切丁、大蒜切末备用。

（2）锅内加油，热锅爆香洋葱、蒜末，然后放入肉末同炒至变色。

（3）加入番茄炒软，加入番茄酱、红酒、黑胡椒粉，和滚水同煮。

（4）肉酱煮滚后转小火炖30min以上，煮至洋葱、番茄软烂，再加盐、糖调整味道，开大火把汤汁收浓稠。

（5）马铃薯洗净蒸熟压成泥，加黄油、牛奶、盐、黑胡椒粉混合拌匀备用。

（6）烤盘内盛入茄汁肉酱垫底，再放上马铃薯泥，整个覆盖住肉酱，用叉子在表面刮划出纹路。

（7）放进预热到200℃的烤箱，烤30min左右至表面微焦上色即可。

20 土豆牛肉

土豆烧牛肉是绝配。土豆中缺乏矿物质铁和蛋白质，牛肉恰恰富含这些营养。而牛肉缺少碳水化合物和维生素C，并且含有胆固醇，土豆不但可以弥补牛肉的不足，还富含膳食纤维，可以减少人体对胆固醇的吸收。

1）材料

土豆、牛肉、生抽、料酒、味精、姜、辣椒、油、盐。

2）步骤

（1）牛肉和土豆切块备用。

（2）冷锅内放油，放入姜片爆香。

（3）牛肉放入锅内炒，放料酒去腥。

（4）牛肉炒至变色后加入土豆块，放适量生抽、盐，继续炒至土豆上色。

（5）倒水没过土豆，大火烧至沸腾后小火收汁，汤汁浓稠后关火，装盘食用。

21 土豆发糕

1）材料

马铃薯干粉（1kg），面粉（150g），苏打（35g），白砂糖（3kg），红糖（150g），花生米，芝麻。

2）步骤

（1）将马铃薯干粉、面粉、苏打、白砂糖加水混匀，再将油炸的花生米混入其中。

（2）在30~40℃下对混合料发酵。

（3）将发酵后的面团揉好，置于笼屉上，铺平，用旺火蒸熟。

（4）将产品切成各种款式，在表面涂抹融化的红糖，滚粘芝麻，冷却，即成土豆发糕。

22 土豆糕

土豆糕花色美观、味道清香甜美、加工工艺简单、原材料易购，其制作方法如下。

1）材料

土豆（1kg）、面粉（300g）、白砂糖（400g）、葡萄干（100g）、去皮熟花生仁（200g）、香精、食用色素。

2）步骤

（1）将土豆、面粉上屉蒸熟，晾凉。

（2）取白糖分成2份，1份加食用红色素拌成红色糖粉，另1份加食用绿色素拌成绿色糖粉，在拌糖粉时加入少许香精。

（3）将蒸好的土豆剥去外皮，捣成土豆泥，加入葡萄干和煮熟去皮的花生仁，余下的100g白砂糖和熟面粉揉成面团，再分成2块。

（4）分别把2块土豆面团擀成厚1cm的圆饼；在其中的一块饼上均匀地撒上绿色糖粉，把另一块土豆面饼盖在绿色糖粉上，把红色糖粉均匀地撒在这块土豆面饼上。

（5）把2块撒有糖粉的土豆面饼上屉蒸5min即成。

23　土豆生菜卷

中式餐饮中的凉拌菜由于具有食用方便、实惠的特性，很受消费者欢迎，消费品种、消耗量均呈扩大和上升趋势，土豆生菜卷类凉菜因为添加了白醋，对细菌数的控制具有重要作用，可延长该食品在冷藏条件下的保质期，降低食物中毒风险。

1）材料

土豆、生菜、火腿、洋葱、白醋、精盐、味精、胡椒粉。

2）步骤

（1）用清水洗净生菜叶，沥干，切成细丝。

（2）土豆去皮煮熟后切丁，火腿肠切成丁，洋葱去外皮切成丁。

（3）将已切好的原料置于碗内，浇入由精盐、味精、胡椒粉、白醋调成的汁，拌匀成菜。

24 香蕉土豆夹

这道菜品是一道马铃薯和香蕉制成的甜品，松软绵甜，美味可口。

1）材料

马铃薯、香蕉、白糖、鸡蛋清、干淀粉、食用油1kg。

2）步骤

（1）把马铃薯洗净，削去外皮，切成两半，依马铃薯块的大小，切0.3cm厚的连刀片，入开水中略焯捞出；香蕉剥去皮，压成泥，加入白糖搅匀成香蕉馅待用。

（2）将鸡蛋清放入碗中，用筷子顺一个方向搅打至起泡，以能立住筷子为好，再加入干淀粉搅匀，即成蛋泡糊，取香蕉馅分别加入马铃薯片内，蘸些干淀粉。

（3）油锅上火，烧至四成热时，取马铃薯夹挂一层蛋泡糊，逐个入锅炸至呈浅黄色捞出，控油，装盘，撒上剩余的白糖即可。

25 炸橘瓣土豆

这道菜品外酥脆，里细甜，风味颇佳。

1）材料

土豆、橘子、鸡蛋、干淀粉、白糖、精盐、味精、猪肉蓉、食用油。

2）步骤

（1）把土豆洗干净，入笼中蒸软烂取出，剥去皮，压成泥入碗中，加入猪肉蓉、鸡蛋、精盐、味精与适量干淀粉，揉合均匀成面团状，分成16个剂子待用。

（2）鲜橘瓣去络入碗中，加入白糖拌渍10min后，把土豆剂子按成扁片，分别包入橘瓣，再轻轻捏包成橘瓣形。

（3）锅置火上，入油烧至五成热时，把橘瓣逐个放入，浸炸成金黄色捞出控油，装盘而食（也可分别用竹签串起炸，其效果更佳）。

26 樱桃马铃薯

习惯了咸香口味做法的马铃薯后，我们不妨也来尝尝酸甜口味的马铃薯菜肴。这款樱桃马铃薯色泽美观、口感酥脆甜香，是非常好的甜品和零食。

1）材料

马铃薯（3个）、鸡蛋（2个）、白糖、面粉、油、淀粉、白芝麻、绵白糖、蜂蜜、红樱桃。

2）步骤

（1）马铃薯去皮蒸熟，放入保鲜袋内压成泥状。

（2）加面粉、干淀粉、白糖、蜂蜜拌匀，制成樱桃大小的丸子。

（3）将鸡蛋打散，芝麻炒香碾碎，拌入绵白糖成麻糖粉待用。

（4）锅中放油烧到四成热时，将马铃薯泥拍上一层面粉，挂上蛋液，滚上面包粉，下油锅炸呈黄色，捞出装盘，撒麻糖粉，摆上樱桃即成。

后记之薯类加工创新团队

团队名称

薯类加工创新团队

研究方向

薯类加工与综合利用

研究内容

薯类加工适宜性评价与专用品种筛选；薯类淀粉及其衍生产品加工；薯类加工副产物综合利用；薯类功效成分提取及作用机制；薯类主食产品加工工艺及质量控制；薯类休闲食品加工工艺及质量控制；超高压技术在薯类加工中的应用。

团队首席科学家

木泰华 研究员

团队概况

研究团队现有科研人员8名，其中研究员1名，副研究员2名，助理研究员5名。团队2003~2015年期间共培养博士后及研究生61人，其中博士后4名，博士研究生12名，硕士研究生45名。近年来主持或参加“863”项目、“十一五”“十二五”国家科技支撑项目、国家自然科学基金项目、公益性行业（农业）科研专项、现代农业产业技术体系项目、科技部科研院所技术研究开发专项、科技部科技成果转化项目、“948”等国家级项目或课题56项。

主要研究成果

甘薯蛋白

（1）采用膜滤与酸沉相结合的技术回收甘薯淀粉加工废液中的蛋白。

（2）纯度达85%以上，提取率达83%。

（3）具有良好的物化功能特性，可作为乳化剂替代物。

（4）具有良好的保健特性，如抗氧化、抗肿瘤、降血脂等。

（5）获省部级及学会奖励3项，通过省部级科技成果鉴定及评价3项，获国家发明专利3项，出版专著3部，发表学术论文41篇，其中SCI收录20篇。

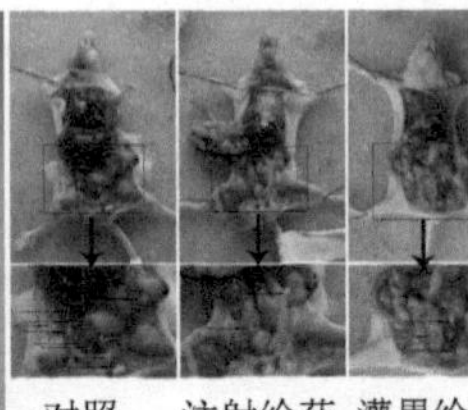
对照　注射给药　灌胃给药

甘薯颗粒全粉

（1）是一种新型的脱水制品，可保存新鲜甘薯中丰富的营养成分。

（2）“一步热处理结合气流干燥”技术制备甘薯颗粒全粉，简化了生产工艺，有效地提高了甘薯颗粒全粉细胞的完整度。

（3）在生产过程中用水量少，废液排放量少，应用范围广泛。

（4）通过农业部科技成果鉴定1项，获得国家发明专利2项，出版专著1部，发表学术论文10篇。

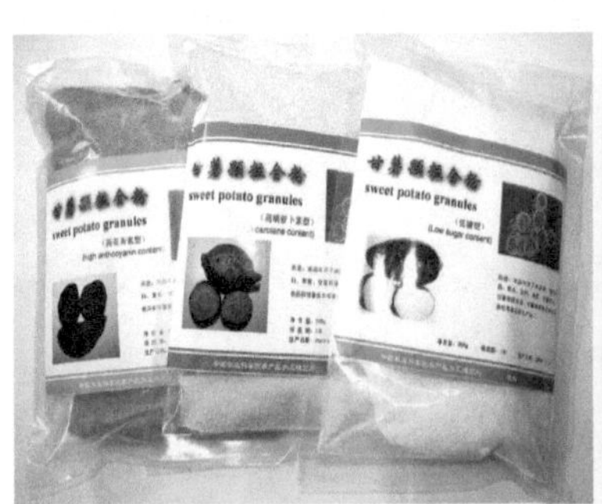

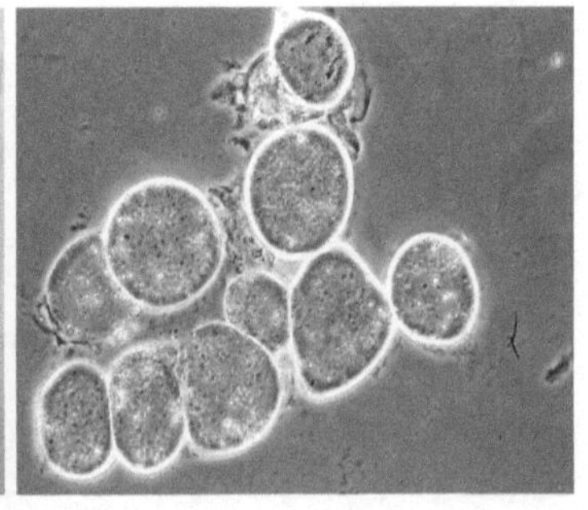

甘薯膳食纤维及果胶

（1）甘薯膳食纤维筛分技术与果胶提取技术相结合，形成了一套完整的连续化生产工艺。

（2）甘薯膳食纤维具有良好的物化功能特性；大型甘薯淀粉厂产生的废渣可以作为提取膳食纤维的优质原料。

（3）甘薯果胶具有良好的乳化能力和乳化稳定性；改性甘薯果胶具有良好的抗肿瘤活性。

（4）获省部级及学会奖励 3项，通过农业部科技成果鉴定1项，获得国家授权专利3项，发表学术论文25篇，其中SCI收录9篇。

甘薯茎尖多酚

（1）主要由酚酸（绿原酸及其衍生物）和类黄酮（芦丁、槲皮素等）组成。

（2）具有抗氧化、抗动脉硬化、防治冠心病与中风等心血管疾病、抑菌、抗癌等多种生理功能。

（3）申报国家发明专利2项，发表学术论文8篇，其中SCI收录4篇。

紫甘薯花青素

（1）与葡萄、蓝莓、紫玉米等来源的花青素相比，具有较好的光热稳定性。

（2）抗氧化活性是维生素C的20倍，维生素E的50倍。

（3）具有保肝、抗高血糖、高血压，增强记忆力及抗动脉粥样硬化等生理功能。

（4）授权国家发明专利1项，发表学术论文4篇，其中SCI收录2篇。

 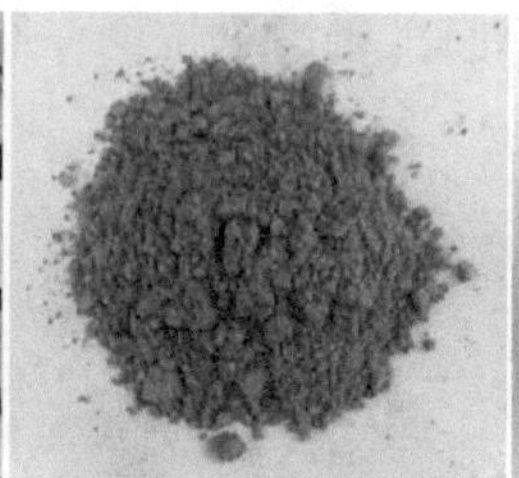 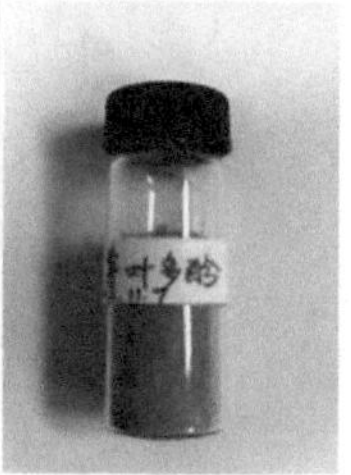

马铃薯馒头

（1）以优质马铃薯全粉和小麦粉为主要原料，采用新型降黏技术，优化搅拌、发酵工艺，使产品由外及里再由里及外的饧发等独创工艺和一次发酵技术等多项专利蒸制而成。

（2）突破了马铃薯馒头发酵难、成型难、口感硬等技术难题，成功将马铃薯粉占比提高到40%以上。

（3）马铃薯馒头具有马铃薯特有的风味，同时保存了小麦原有的麦香风味，芳香浓郁，口感松软。马铃薯馒头富含蛋白质，必需氨基酸含量丰富，可与牛奶、鸡蛋蛋白质相媲美，更符合世界卫生组织（WHO）/联合国粮食及农业组织（FAO）的氨基酸推荐模式，易于消化吸收；维生素、膳食纤维和矿物质（钾、磷、钙等）含量丰富，营养均衡，抗氧化活性高于普通小麦馒头，男女老少皆宜，是一种营养保健的新型主食，市场前景广阔。

（4）目前已获得国家发明专利5项，发表相关论文3篇。

马铃薯面包

（1）马铃薯面包以优质马铃薯全粉和小麦粉为主要原料，采用新型降黏技术等多项专利、创新工艺及3D环绕立体加热焙烤而成。

（2）突破了马铃薯面包成型和发酵难、体积小、质地硬等技术难题，成功将马铃薯粉占比提高到40%以上。

（3）马铃薯面包风味独特，集马铃薯特有风味与纯正的麦香风味为一体，鲜美可口，软硬适中。

（4）目前已获得相关国家发明专利1项，发表相关论文3篇。

马铃薯焙烤系列休闲食品

（1）以马铃薯全粉及小麦粉为主要原料，通过配方优化与改良，采用先进的焙烤工艺精制而成。

（2）添加马铃薯全粉后所得马铃薯焙烤系列食品风味更浓郁、营养更丰富、食用更健康。

（3）马铃薯焙烤类系列休闲食品包括：马铃薯磅蛋糕、马铃薯卡斯提拉蛋糕、马铃薯冰冻曲奇、以及马铃薯千层酥塔等。

（4）目前已获得相关国家发明专利4项。

成果转化

成果鉴定及评价

（1）甘薯蛋白生产技术及功能特性研究（农科果鉴字[2006]第034号），其成果鉴定为国际先进水平。

（2）甘薯淀粉加工废渣中膳食纤维果胶提取工艺及其功能特性的研究（农科果鉴字[2010]第28号），其成果鉴定为国际先进水平。

（3）甘薯颗粒全粉生产工艺和品质评价指标的研究与应用（农科果鉴字[2011]第31号），其成果鉴定为国际先进水平。

（4）变性甘薯蛋白生产工艺及其特性研究（农科果鉴字[2013]第33号），其成果鉴定为国际先进水平。

（5）甘薯淀粉生产及副产物高值化利用关键技术研究与应用（中农（评价）字[2014]第 08号），其成果评价为国际先进水平。

授权专利

（1）甘薯蛋白及其生产技术，专利号：ZL200410068964.6。

（2）甘薯果胶及其制备方法，专利号：ZL200610065633.6。

（3）一种胰蛋白酶抑制剂的灭菌方法，专利号：ZL200710177342.0。

（4）一种从甘薯渣中提取果胶的新方法，专利号：ZL200810116671.9。

（5）甘薯提取物及其应用，专利号：ZL200910089215.4。

（6）一种制备甘薯全粉的方法，专利号：ZL20091007

7799.3。

（7）一种从薯类淀粉加工废液中提取蛋白的新方法，专利号：ZL201110190167.5。

（8）一种提取花青素的方法，专利号：ZL201310082784.2。

（9）一种提取膳食纤维的方法，专利号：ZL201310183303.7。

（10）一种制备乳清蛋白水解多肽的方法，专利号：ZL201110414551.9。

（11）一种甘薯颗粒全粉制品细胞完整度稳定性的辅助判别方法，专利号：ZL 201310234758.7。

（12）甘薯Sporamin蛋白在制备预防和治疗肿瘤药物及保健品中的应用，专利号：ZL201010131741.5。

（13）一种全薯类花卷及其制备方法，专利号：ZL201410679873.X。

（14）提高无面筋蛋白面团发酵性能的改良剂、制备方法及应用，专利号：ZL201410453329.3。

（15）一种全薯类煎饼及其制备方法，专利号：ZL201410680114.6。

（16）一种马铃薯花卷及其制备方法，专利号：

ZL201410679874.4。

（17）一种马铃薯渣无面筋蛋白饺子皮及其加工方法，专利号：ZL201410679864.0。

（18）一种马铃薯馒头及其制备方法，专利号：ZL201410679527.1。

（19）一种马铃薯发糕及其制备方法，专利号：ZL201410679904.1。

（20）一种马铃薯蛋糕及其制备方法，专利号：ZL201410681369.3。

（21）一种提取果胶的方法，专利号：ZL201310247157.X。

（22）改善无面筋蛋白面团发酵性能及营养特性的方法，专利号：ZL201410356339.5。

（23）一种马铃薯渣无面筋蛋白油条及其制作方法，专利号：ZL201410680265.0。

（24）一种马铃薯煎饼及其制备方法，专利号：ZL201410680253.8。

（25）一种全薯类发糕及其制备方法，专利号：ZL201410682330.3 。

（26）一种马铃薯饼干及其制备方法，专利号：

ZL201410679850.9。

（27）一种甘薯茎叶多酚及其制备方法，专利号：ZL201310325014.6。

（28）一种全薯类蛋糕及其制备方法，专利号：ZL201410682327.1。

（29）一种由全薯类原料制成的面包及其制备方法，专利号：ZL201410681340.5。

（30）一种全薯类无明矾油条及其制备方法（发明专利），专利号：ZL201410680385.0。

（31）一种全薯类馒头及其制备方法，专利号：ZL201410680384.6。

（32）一种马铃薯膳食纤维面包及其制作方法，专利号：ZL201410679921.5。

（33）一种马铃薯渣无面筋蛋白窝窝头及其制作方法，专利号：ZL201410679902.2。

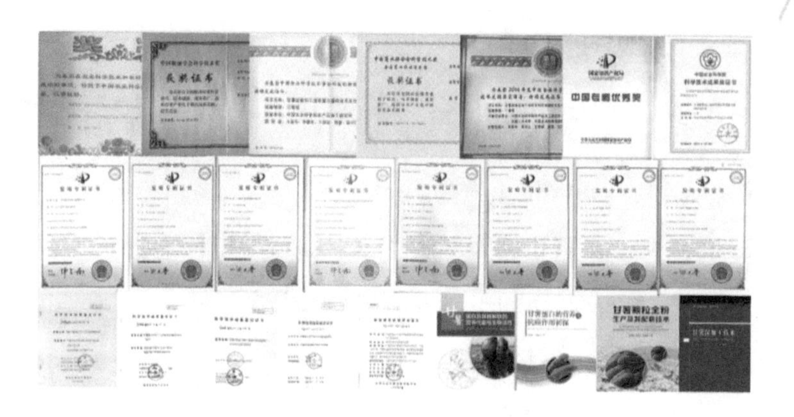

可转化项目

（1）甘薯颗粒全粉生产技术。

（2）甘薯蛋白生产技术。

（3）甘薯膳食纤维生产技术。

（4）甘薯果胶生产技术。

（5）甘薯多酚生产技术。

（6）甘薯茎叶青汁粉生产技术。

（7）紫甘薯花青素生产技术。

（8）马铃薯发酵主食及复配粉生产技术。

（9）马铃薯非发酵主食及复配粉生产技术。

（10）马铃薯饼干系列食品生产技术。

（11）马铃薯蛋糕系列食品生产技术。

联系方式

联系电话：+86-10-62815541

电子邮箱：mutaihua@126.com

联系地址：北京市海淀区圆明园西路2号中国农业科学院农产品加工研究所科研1号楼

邮　　编：100193

作者简介

木泰华　男，1964年3月生，博士，博士生导师，研究员，薯类加工创新团队首席科学家，国家甘薯产业技术体系产后加工研究室岗位科学家。担任中国淀粉工业协会甘薯淀粉专业委员会会长，《淀粉与淀粉糖》编委、*Journal of Integrative Agriculture*（*JIA*）编委、*Journal of Food Science and Nutrition Therapy*编委、《农产品加工》编委等职。1998年毕业于日本东京农工大学联合农学研究科生物资源利用学科生物工学专业，获农学博士学位。1999~2003年先后在法国Montpellier第二大学食品科学与生物技术研究室及荷兰Wageningen大学食品化学研究室从事科研工作。2003年9月回国，组建了薯类加工团队，团队现有科研人员8名，其中研究员1名，副研究员2名，助理研究员5名。团队2003~2015年期间共培养博士后及研究生61人，其中博士后4名，博士研究生12名，硕士研究生45名。近年来主持或参加“863”项目、“十一五”、“十二五”国家科技支撑项目、国家自然科学基金项目、公益性行业（农业）

科研专项、现代农业产业技术体系项目、科技部科研院所技术研究开发专项、科技部科技成果转化项目、“948”项目等国家级项目或课题56项。主要研究领域：薯类加工适宜性评价与专用品种筛选；薯类淀粉及其衍生产品加工；薯类加工副产物综合利用；薯类功效成分提取及作用机制；薯类主食产品加工工艺及质量控制；薯类休闲食品加工工艺及质量控制；超高压技术在薯类加工中的应用。

李鹏高　男，1974年6月生，博士，硕士生导师，副教授，国家甘薯产业技术体系食品加工与综合利用团队成员，中华中医药学会防治艾滋病分会第二届委员会委员，中国淀粉工业协会甘薯淀粉专业委员会理事。1997年毕业于山西医科大学公共卫生学院，2000年获中国预防医学科学院营养与食品卫生研究所硕士学位，2004年以卫生部笹川医学奖学金研究者身份赴日本国武库川女子大学生活环境学部学习分子营养学，2012年获中国农业科学院农产品加工研究所博士学位，2013~2014年在北京师范大学化学学院进修一年，2000年至今在首都医科大学公共卫生学院工作。主持或参与科技部“863”项目、国家自然科学基金项目等10余项，在国内外核心刊物发表论文30余篇，其中SCI文章6篇；申报国家发明专利6项，获授权4项；获省部级二等奖2项。主要从事营养与食品卫生学、薯类加工副产物综合利用、薯类功效成分提取及作用机制方面的基础和临床研究。

何海龙 男，1971年5月生。1994年至今，创办北京市海乐达食品有限公司，任董事长兼总经理；2010年至今，创办滦平县海达浩业养殖专业合作社；2015年至今，创办承德宇都生态农业有限公司；2015年，在与中国农业科学院农产品加工研究所薯类加工团队合作研发下，海乐达食品有限公司生产出了马铃薯馒头、面包、面条、糕点等系列产品并成功上市；2016年，与河北固安县参花面粉有限公司共建主食产业化项目。

国鸽 女，1991年12月生，在读硕士研究生，主要从事薯类功效成分的保健功效及作用机制研究。

张靖杰 女，1993年3月生，在读硕士研究生，主要从事薯类功效成分的保健功效及作用机制研究。